Ilse Gretenkord

Mandalas und geometrische Figuren zum Berechnen und Ausmalen

Motivierende Arbeitsmaterialien

für die Klassen 5 bis 10

Kopiervorlagen mit Lösungen

Gedruckt auf umweltbewusst gefertigtem, chlorfrei gebleichtem
und alterungsbeständigem Papier.

1. Auflage 2011
Nach den seit 2006 amtlich gültigen Regelungen der Rechtschreibung
© by Brigg Pädagogik Verlag GmbH, Augsburg
Alle Rechte vorbehalten.

Layout und Satz: Albert Graf, Schwabmünchen

Das Werk und seine Teile sind urheberrechtlich geschützt. Jede Nutzung in anderen als den gesetzlich zugelassenen Fällen bedarf der vorherigen schriftlichen Einwilligung des Verlages. Hinweis zu §52a UrhG: Weder das Werk noch seine Teile dürfen ohne eine solche Einwilligung eingescannt und in ein Netzwerk eingestellt werden. Dies gilt auch für Intranets von Schulen und sonstigen Bildungseinrichtungen.

ISBN 978-3-87101-**661**-5   www.brigg-paedagogik.de

Inhalt

Arbeitsblatt	Mathematischer Inhalt	Seite
1 Geometrische Elemente im Glasfenster	Beschreibung von Flächen (Rechtecke, Kreise)	5
2 Kurven und Kreise	Flächeninhalt von Kreisen berechnen; Punktsymmetrie; Sinus- und Kosinuskurven	7
3 Der Baum	Flächeninhalt eines gleichschenkligen Dreiecks berechnen	9
4 Das Riesenprisma	Volumen und Oberflächeninhalt von Prismen	11
5 Die Reihenhaussiedlung	Achsensymmetrie; Flächeninhalt von Rechtecken, Dreiecken und Halbkreis berechnen; prozentuale Anteile	13
6 Rauten	Diagonalen und Symmetrie in Rauten; Flächeninhalt vom Rechteck berechnen	15
7 Kreise und Halbkreise 1	Punkt- und Achsensymmetrie; Flächeninhalt von Kreisen berechnen	17
8 Quadrate im Kreis	Flächeninhalt von Kreis und Quadraten berechnen	19
9 Trapeze	Flächeninhalt von Trapezen und Rechteck berechnen	21
10 Drachenvierecke	Drachenvierecke erkennen und Diagonalen einzeichnen; Flächeninhalt von Drachenvierecken und allgemeinem Viereck berechnen	23
11 Halbkreise und Viertelkreise	Flächeninhalt von Halb- und Viertelkreisen und einer Restfläche berechnen; Punktsymmetrie	25
12 Rechtecke im Kreis	Überlappende und gleich große Rechtecke	27
13 Halbkreise und Kreisausschnitte	Halbkreise und Kreisausschnitte zeichnen; Unterteilung eines Kreises in Kreisabschnitte	29
14 Felder im Kreis	Abschätzen von Flächengrößen	31
15 Dreiecke, Trapeze und Halbkreise	Flächeninhalt von Trapezen und Dreiecken berechnen	33
16 Netze von Prismen	Netze von Prismen identifizieren und zeichnen	36
17 Fantasiefigur	Unterteilung einer Fläche in Teilflächen (Quadrat, Rechtecke, Trapeze, Parallelogramme, Dreiecke)	38
18 Trapez und Würfel	Flächeninhalt vom Trapez berechnen; Schrägbild eines Würfels erkennen	40
19 Tortenstücke und Kreisringe	Flächeninhalt von Kreisausschnitten und Kreisringen berechnen	42
20 Kreisring und Kreis	Flächeninhalt vom Kreisring berechnen; Kreismittelpunkt ermitteln	44
21 Sich überschneidende Rechtecke im Kreis	Überschneidung von Rechtecken erkennen; Kreismittelpunkt finden	46
22 Das Gebirge	Punktspiegelung; Flächeninhalt des umliegenden Rechtecks berechnen	48
23 Teilkreisflächen	Flächeninhalt von Halbkreisen berechnen	50
24 Dreiecksflächen im Kreis	Unterteilung des Kreisradius	52
25 Dreiecke und Kreise	Partnerarbeit: freie Aufgabenstellung durch Schüler	54
26 Ein besonderes Viereck	Flächeninhalt von Raute und Dreiecken berechnen	56
27 Vierecke und Dreiecke	Unterteilen von Vierecken in Dreiecke; besondere Farbgebung; Flächenumfang berechnen	58
28 Netze von Kreiszylindern	Netze von Kreiszylindern erkennen und weitere zeichnen; umliegendes Rechteck zeichnen	60
29 Kreise und Halbkreise 2	Allgemeine Beschreibung des Mandalas aus Kreisen und Halbkreisen; Achsensymmetrie	62
30 Der Fisch	Mittelpunkt von Kreisen finden; Zeichnen mit dem Zirkel; Kreisdurchmesser messen	64
31 Frau Monsas Blumenstrauß	Winkelmessung; Punktsymmetrie	66
32 Pyramiden	Längen von Pyramidenhöhen und Seitenkanten berechnen	68
33 Der Schmetterling	Flächeninhalt von Halbkreisen und regelmäßigem Achteck berechnen	70
34 Strahlensätze	Partnerarbeit: freie Aufgabenstellung durch Schüler zu Strahlensätzen; Kreismittelpunkt finden	72
35 Unregelmäßiges Siebeneck	Flächeninhalt von unregelmäßigem Siebeneck und Halbkreisen berechnen; Umfang von Halbkreisen berechnen; Umfang vom Siebeneck berechnen	74
36 Verschiedene Vierecke und Kreisbögen	Quadrate und Rechtecke nach Vorgabe einzeichnen; Flächeninhalte von Quadraten, Rechtecken und Trapezen berechnen	77
37 Der Tannenbaum	Flächeninhalt von Dreiecken berechnen; Achsensymmetrie	79
38 Quadrate, Halbkreise und Halbkreisringe	Flächeninhalt von Teilflächen berechnen	81

Didaktisch-methodische Überlegungen / Unterrichtshinweise

Ziele und Inhalte der Mandalas und geometrischen Figuren

Die hier vorliegenden Mandalas und geometrischen Figuren zum Berechnen und Ausmalen verfolgen mehrere Ziele:

- Sie lockern Ihren Geometrieunterricht auf und bringen Abwechslung hinein.
- Sie eignen sich gut zum Ausmalen, wobei sich z. B. Symmetrien erkennen lassen.
- Natürlich soll es nicht beim Ausmalen bleiben, deshalb wird bei vielen Mandalas und Figuren gefordert, auftretende Flächeninhalte und Umfänge zu berechnen – sowohl von geradlinig begrenzten als auch von Kreisen begrenzte Flächen.
- Außerdem sollen die Schülerinnen und Schüler bei einigen Aufgaben geometrische Sachverhalte beschreiben, Symmetrien herstellen oder auch in Partnerarbeit Aufgabenstellungen selber formulieren.

Unterschiedliche Schwierigkeitsgrade

Die Aufgabenstellungen und Berechnungsanforderungen sind von unterschiedlichem Schwierigkeitsgrad und daher im Unterricht von Klassen der Sekundarstufe 1 selektiv einsetzbar. Im Inhaltsverzeichnis wird stichwortartig auf die jeweiligen Anforderungen der Aufgaben hingewiesen.

Den Blick für zusammengesetzte mathematische Formen und Gebilde schulen

Besonders jüngeren Schülerinnen und Schülern wird das Ausmalen Freude bereiten. Insgesamt wird bei den Zeichnungen deutlich, wie ästhetisch mathematische Formen sind und dass sie sich zu ganzen „Gebilden" zusammenfügen lassen.

1 Geometrische Elemente im Glasfenster

Name: Klasse:

Aufgaben

1. Beschreibe präzise, aus welchen geometrischen Elementen dieses Glasfenster besteht.

2. Male es bunt aus (muss nicht unbedingt symmetrisch sein).

Ilse Gretenkord: Mandalas und geometrische Figuren • 5. bis 10. Klasse • Best.-Nr. 661   © Brigg Pädagogik Verlag, Augsburg

1 Lösung

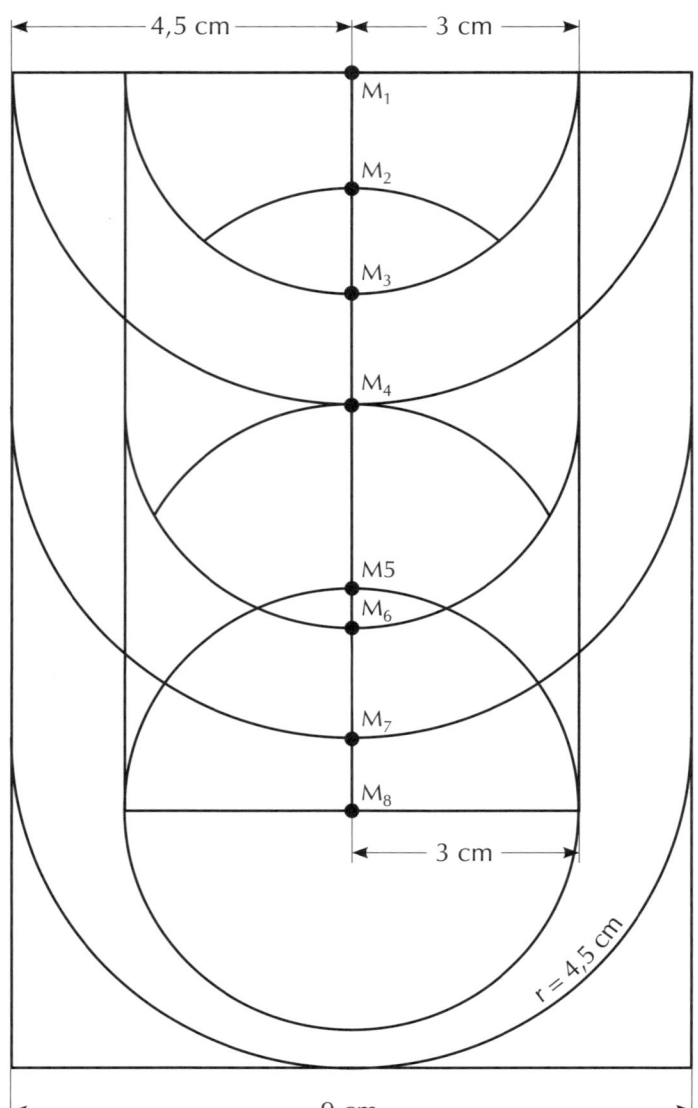

Lösung

1. Den äußeren Rahmen der Zeichnung bildet ein Rechteck mit a = 13,5 cm (senkrecht) und b = 9 cm (waagerecht).

   Ein weiteres Rechteck mit a = 10 cm (senkrecht) und b = 6 cm liegt so in dem größeren, dass die oberen Seiten aufeinander liegen – und zwar so, dass das kleinere Rechteck von beiden Längsseiten des größeren gleich weit entfernt ist.

   Das kleinere Rechteck wird noch einmal mittig längs unterteilt durch eine Strecke, die von M_1 bis M_8 verläuft.

   Das große Rechteck enthält einen Kreisbogen um M_8 mit r = 3 cm, drei Halbkreisbögen um M_1, M_4 und M_7 mit r = 4,5 cm, zwei Halbkreisbögen um M_1 und M_4 mit r = 3 cm und zwei Kreisbogenstücke um M_4 und M_6 mit r = 3 cm.

   Der große Halbkreis um M_1 verläuft durch M_4, der große um M_4 durch M_7 und der große um M_7 berührt die untere Rechtecksseite.

   Der kleine Halbkreis um M_1 verläuft durch M_3, der kleine um M_4 durch M_6.
   Das Kreisbogenstück um M_4 verläuft durch M_2, das um M_6 durch M_4.

2 Kurven und Kreise

Name: Klasse:

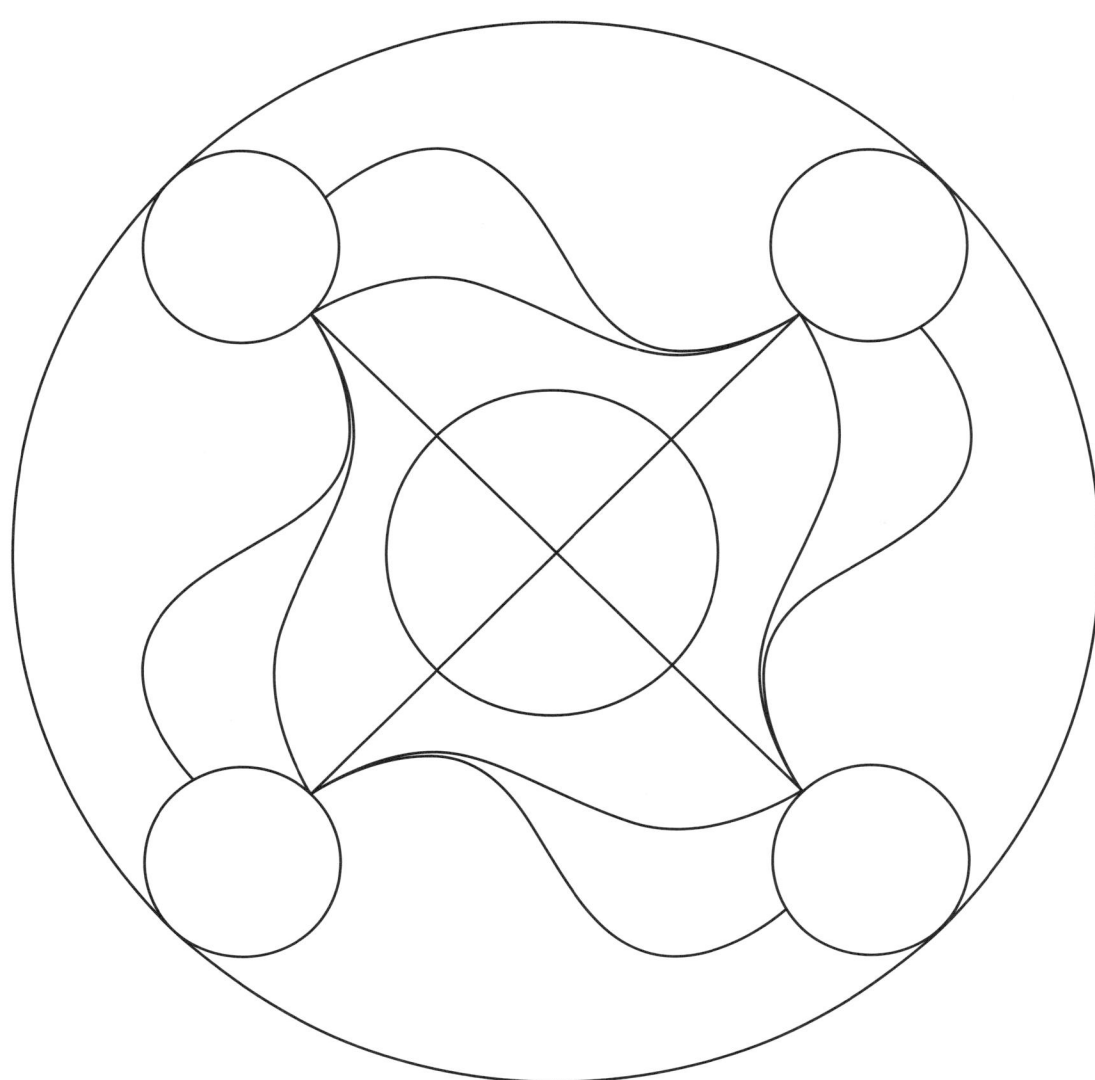

Aufgaben

1. Identifiziere die Kurven, die die kleinen Kreise miteinander verbinden.

2. Berechne die Flächeninhalte aller Kreise. Die Radien musst du durch Ausmessen ermitteln.

3. Liegt Symmetrie in diesem Mandala vor?
   Wenn ja, welche?

4. Wie oft passt ein kleiner Kreis in den mittleren und in den großen?

5. Wie oft passt der mittlere Kreis in den großen?

6. Male das Mandala so aus, dass die möglicherweise vorhandene Symmetrie sichtbar wird.

Ilse Gretenkord: Mandalas und geometrische Figuren · 5. bis 10. Klasse · Best.-Nr. 661   © Brigg Pädagogik Verlag, Augsburg

2 Lösung

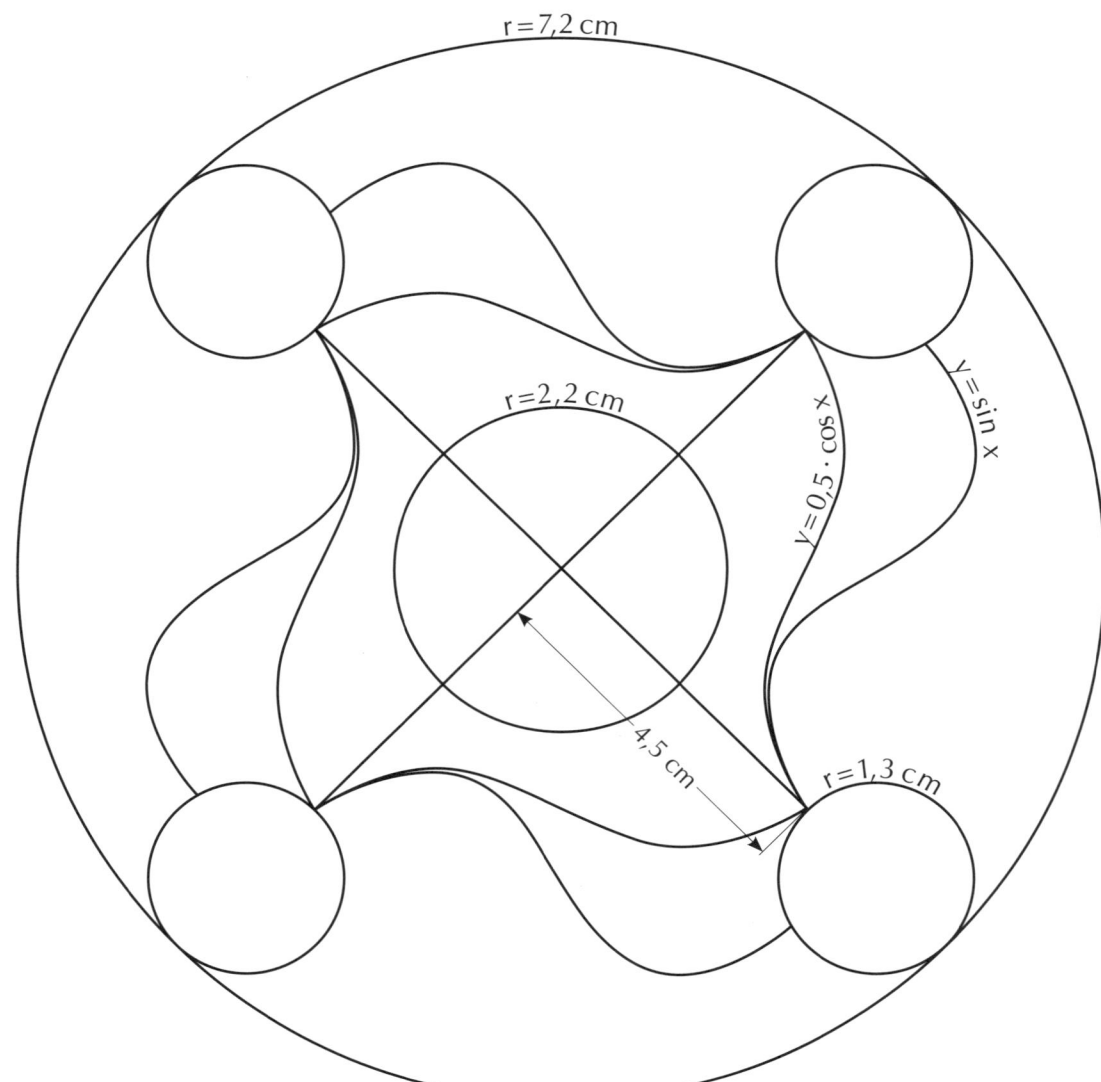

Lösung

1. Die Kurven sind Sinus- oder Kosinusfunktionsgraphen.

2. $A_{\bigcirc klein} = \pi\ (1{,}3\ cm)^2 \approx 5{,}3\ cm^2$
   $A_{\bigcirc mittel} = \pi\ (2{,}2\ cm)^2 \approx 15{,}2\ cm^2$
   $A_{\bigcirc groß} = \pi\ (7{,}2\ cm)^2 \approx 163\ cm^2$

3. Punktsymmetrie

4. $163\ cm^2 : 5{,}3\ cm^2 \approx 31$
   $15{,}2\ cm^2 : 5{,}3\ cm^2 \approx 3$
   Ein kleiner Kreis passt ca. 31-mal in den großen und ca. 3-mal in den mittleren.

5. $163\ cm^2 : 15{,}2\ cm^2 \approx 11$
   Der mittlere Kreis passt ca. 11-mal in den großen.

3 Der Baum

Name: Klasse:

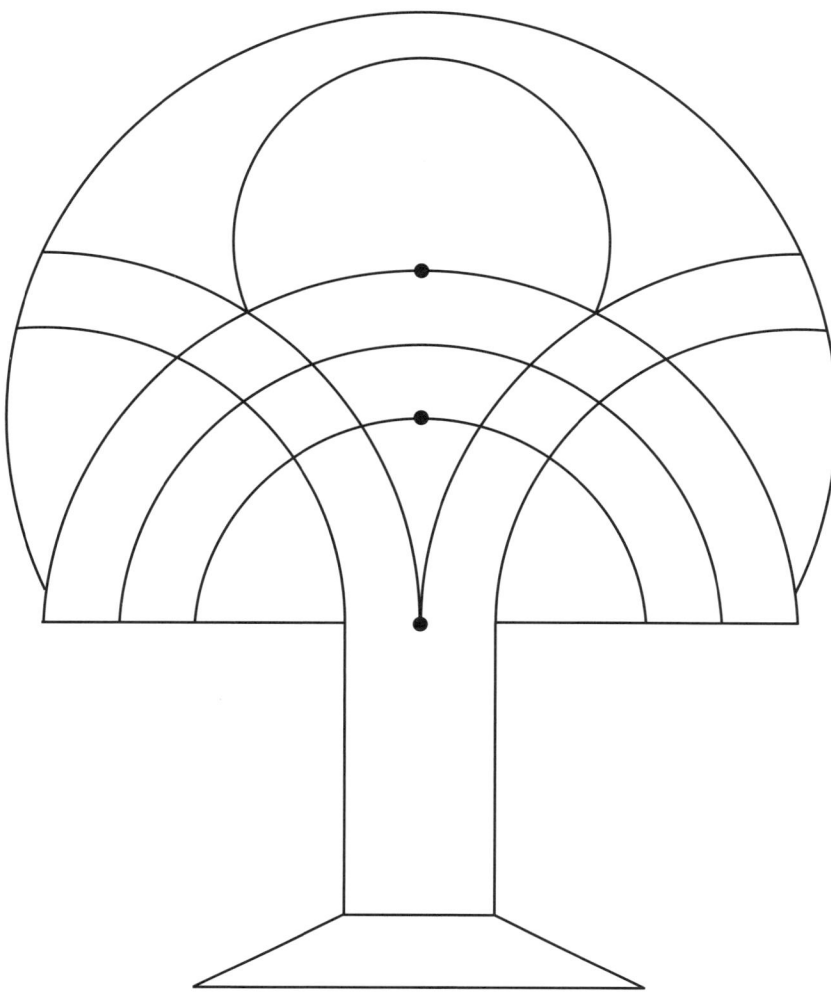

Aufgaben

1. Lege um den Baum ein gleichschenkliges Dreieck, dessen Basis die Baumkrone berührt und zu den (horizontalen) geraden Linien parallel verläuft. Die gleich langen Schenkel sollen die vier äußeren Ecken einbeziehen.

2. Berechne den Flächeninhalt des Dreiecks.

3. Zeichne die Symmetrieachse ein und male die Figur farbig aus, sodass die Symmetrie sichtbar wird.

3 Lösung

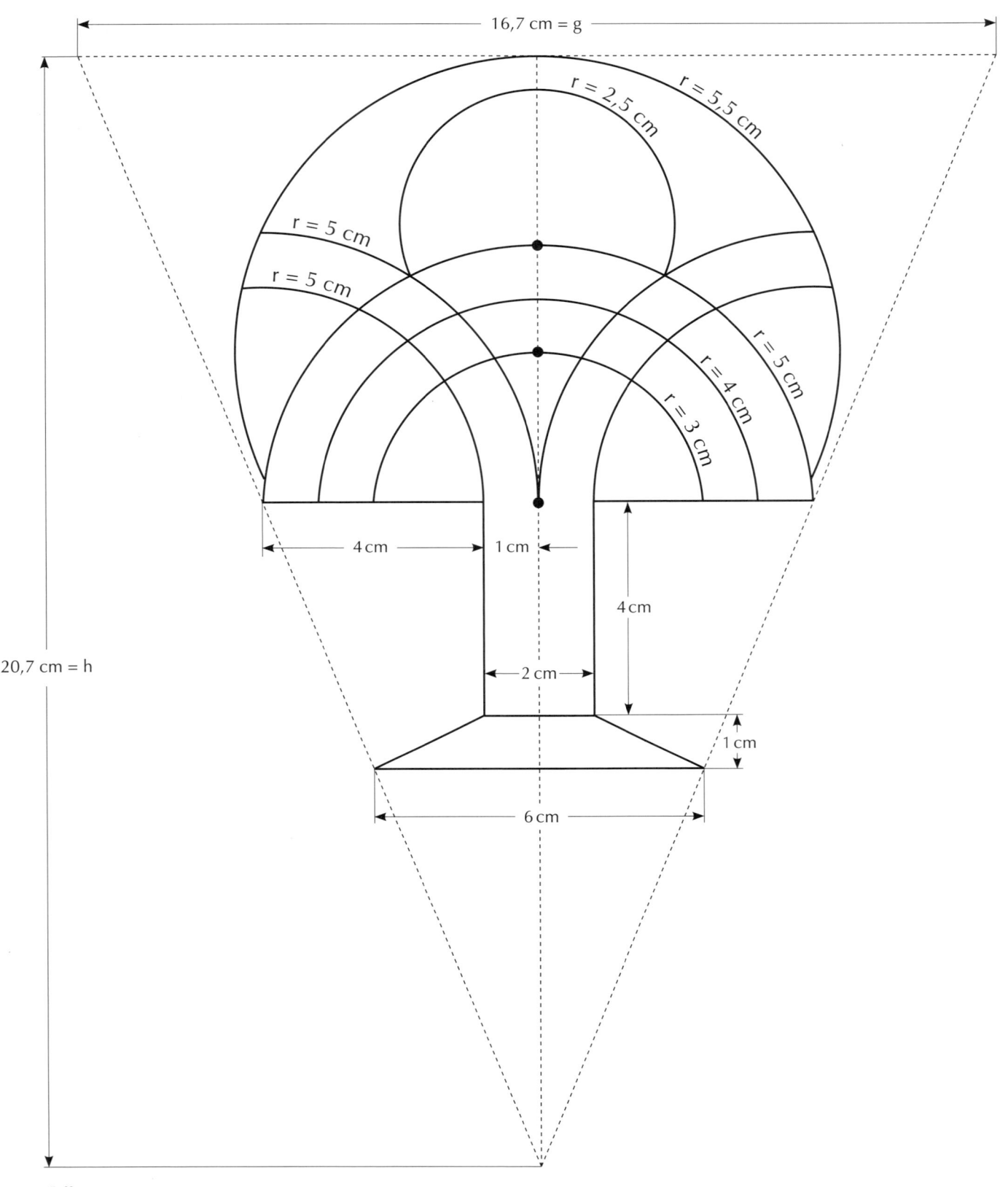

Lösung

1. siehe Zeichnung

2. $A = \dfrac{g \cdot h}{2} = \dfrac{16{,}7 \text{ cm} \cdot 20{,}7 \text{ cm}}{2} = 172{,}85 \text{ cm}^2$

3. siehe Zeichnung

4 Das Riesenprisma

Name: Klasse:

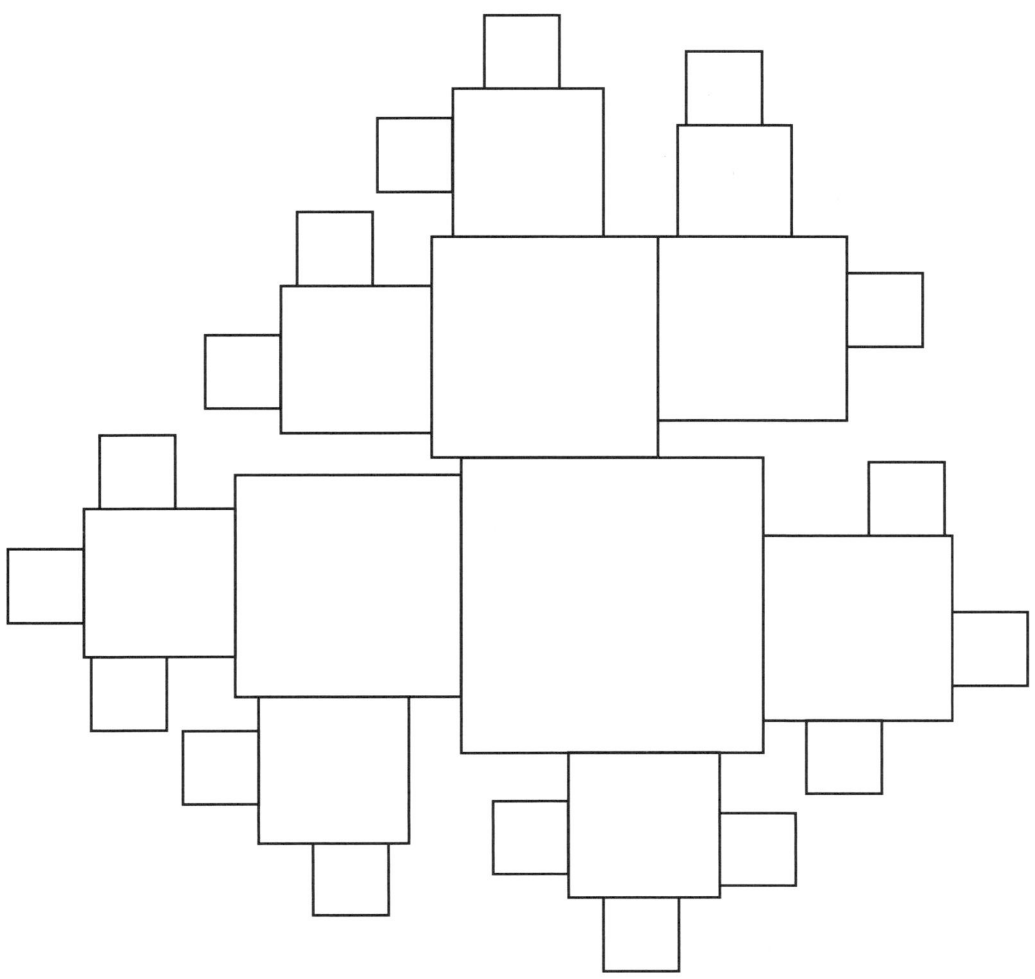

Aufgaben

1. Stelle dir vor, dieses Objekt wäre dreidimensional mit einer Dicke von 2,5 cm.
   Beschreibe, was du machen würdest, wenn du
   a) das Volumen des Riesenprismas berechnen wolltest,
   b) den Oberflächeninhalt des Riesenprismas angeben wolltest.

2. Lege um die Fläche das kleinste Rechteck, in das die Fläche hineinpasst.
   Gib die Seitenlängen an.

4 Lösung

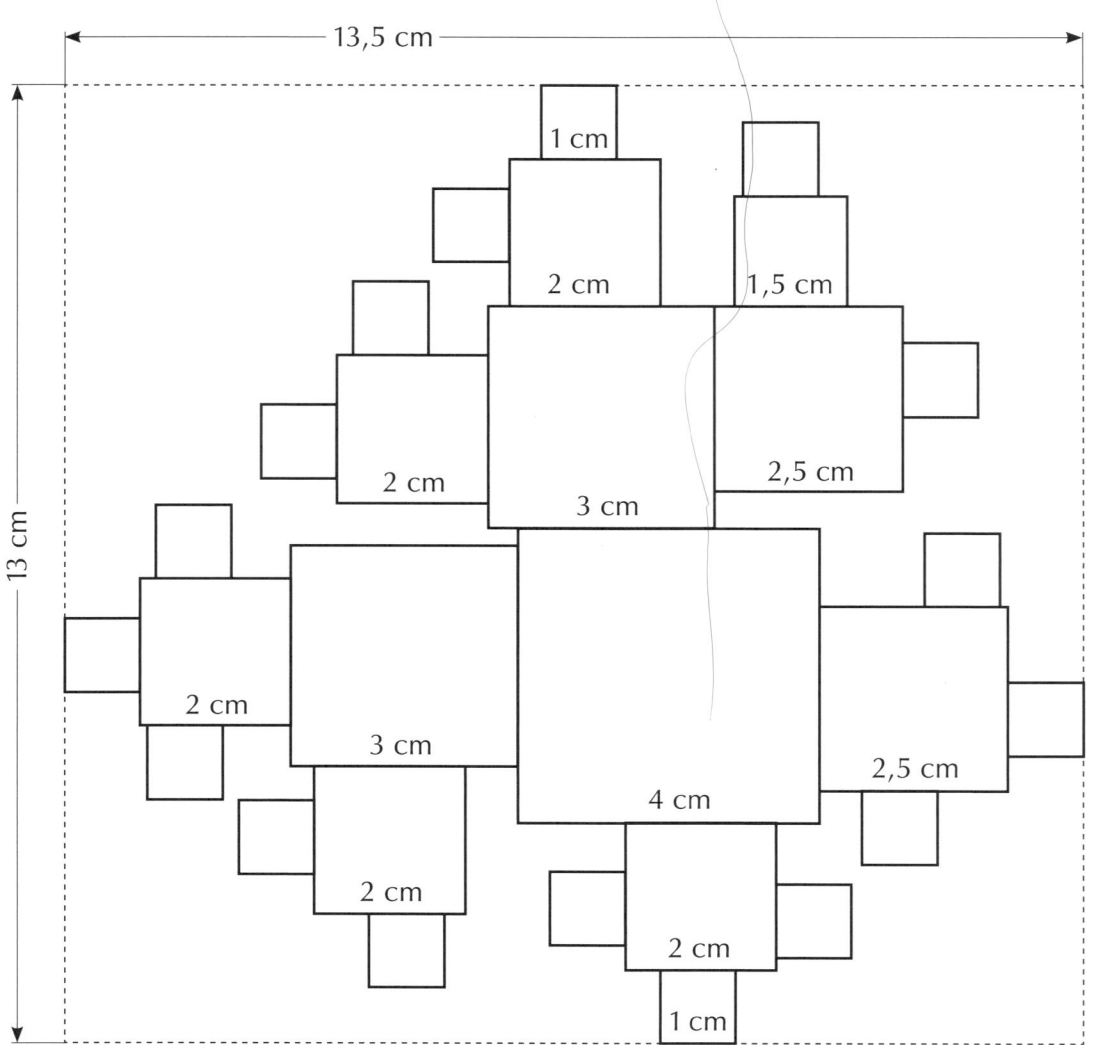

Lösung

1. a) Zunächst müssen die Flächeninhalte aller Teilflächen, aus denen die Grundfläche des Prismas zusammengesetzt ist, berechnet und dann addiert werden. Dieser Gesamtflächeninhalt wird mit der Prismenhöhe multipliziert, um das Volumen zu erhalten.

   b) Dann wird der Gesamtumfang der Grundfläche des Prismas ausgemessen. Dieser wird mit der Prismenhöhe multipliziert. Damit erhält man den Flächeninhalt des Mantels des Prismas.
   Hinzu kommt zwei Mal der Flächeninhalt der Gesamtfläche (als Grund- und Deckfläche des Prismas).

   Beachte, dass bei der Berechnung des Gesamtflächeninhalts alle (vollständigen) Flächeninhalte zu berechnen sind. Hingegen spielt es bei der Umfangsmessung eine Rolle, dass alle Teilflächen mindestens einen Teil ihrer Seiten mit anderen Teilflächen gemeinsam haben und diese somit nicht doppelt gemessen werden dürfen.

2. siehe Zeichnung
   $a = 13{,}5$ cm $b = 13$ cm

5 Die Reihenhaussiedlung

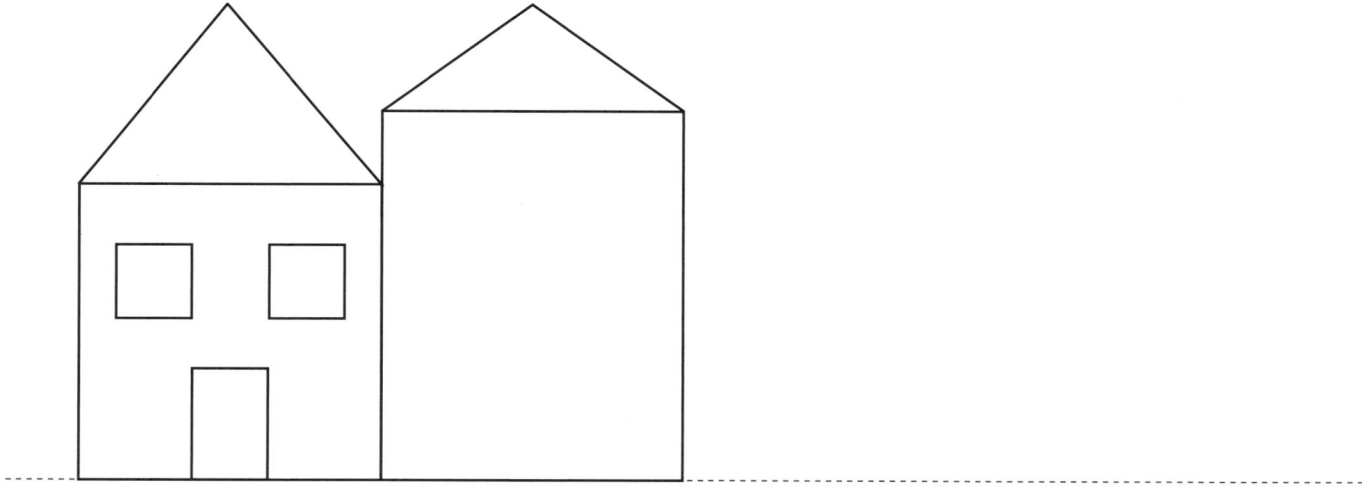

Aufgaben

1. In einer Reihenhaussiedlung stehen jeweils vier Häuser nebeneinander.
   Haus 1 soll wie Haus 4 aussehen; ebenfalls sind Haus 2 und 3 gleich.
   Zeichne die Reihe fertig.
   Bei 2 und 3 sollen die Fenster und die Tür jeweils 1,5-mal so lang und breit sein wie Fenster und Tür in Haus 1.

2. Berechne sämtliche Hausfronten ohne Fenster und Türen.

3. Berechne die Dachflächen.

4. Die Häuser liegen genau unter einem Brückenbogen. Zeichne ihn ein, gib seinen Radius an und berechne, wie viel Prozent die bebaute Fläche unter dem Bogen einnimmt.

5. Färbe die Häuserfront nach Belieben.

5 Lösung

Lösung

1. siehe Zeichnung

2. $A_1 = A_4 = 16\ cm^2 - (2 \cdot 1\ cm^2 + 1{,}5\ cm^2)$
   $= 12{,}5\ cm^2$

   $A_2 = A_3 = 20\ cm^2 - (2 \cdot 2{,}25\ cm^2 + 1{,}5\ cm \cdot 2{,}25\ cm)$
   $= 12{,}125\ cm^2$

3. $A_{Dach\ 1/4} = \dfrac{4\ cm \cdot 2{,}5\ cm}{2} = 5\ cm^2$

   $A_{Dach\ 2/3} = \dfrac{4\ cm \cdot 1{,}5\ cm}{2} = 3\ cm^2$

4. $A_{Halbkreis} = \tfrac{1}{2}\pi\ (9\ cm)^2 \approx 127{,}23\ cm^2$

   $A_{alle\ Gebäude} = 25\ cm^2 + 24{,}25\ cm^2 + 10\ cm^2 + 6\ cm^2$
   $= 65{,}25\ cm^2$

   $(A_{alle\ Gebäude} / A_{Halbkreis}) \cdot 100\ \% \approx 51{,}3\ \%$

6 Rauten

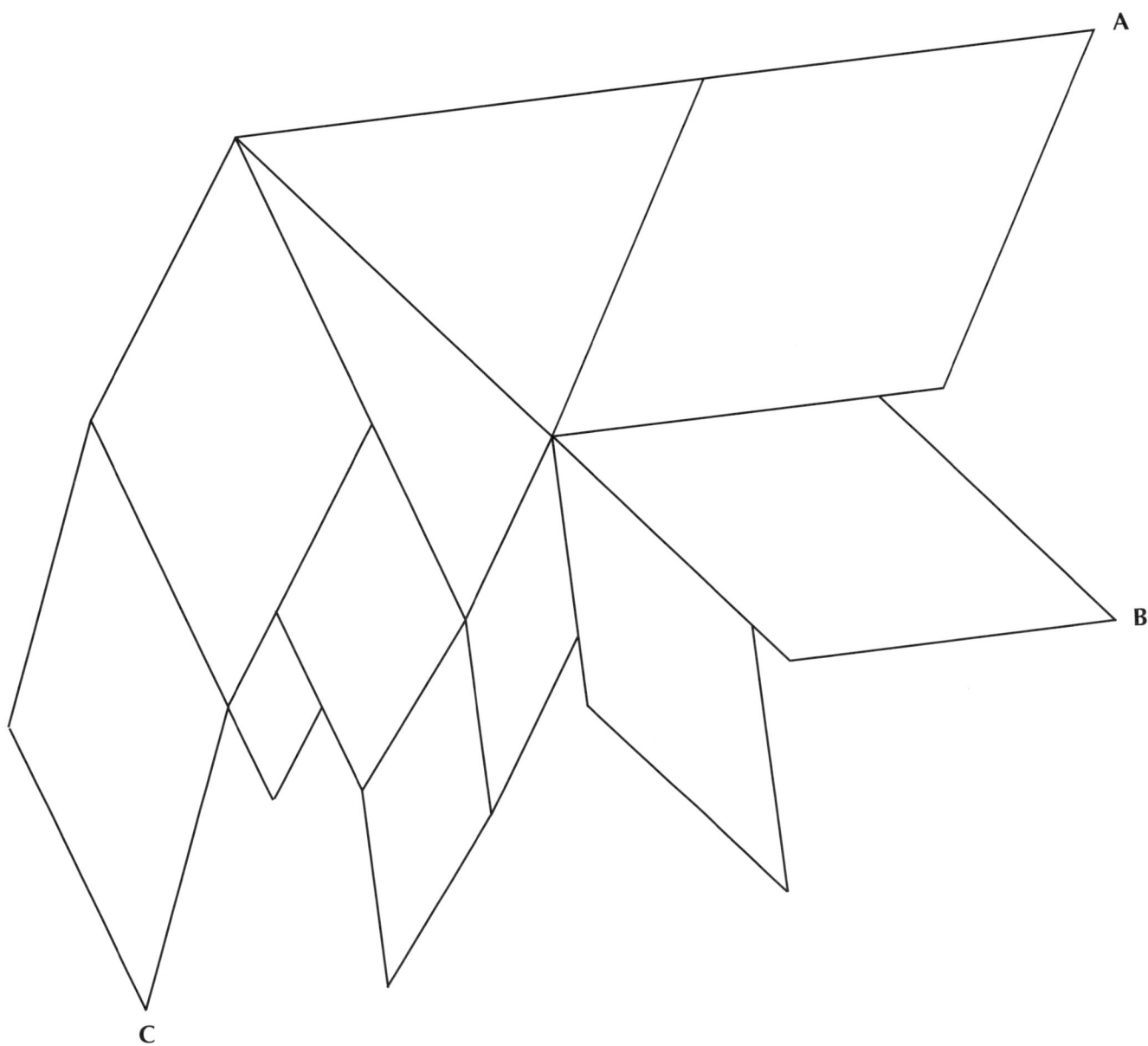

Aufgaben

1. Zeichne in alle Rauten die Diagonalen ein. Wähle zwei Farben und färbe die Felder ein, die durch die Diagonalen entstanden sind. Wechsle die Farben so ab, dass in jeder Raute nebeneinander liegende Felder unterschiedlich gefärbt sind.

2. Zeichne um die Figur ein Rechteck mit dem kleinstmöglichen Flächeninhalt. Gib diesen an.
   Tipp: Lege das Rechteck so an, dass es bei **A** beginnt und auch durch **B** und **C** geht.

6 Lösung

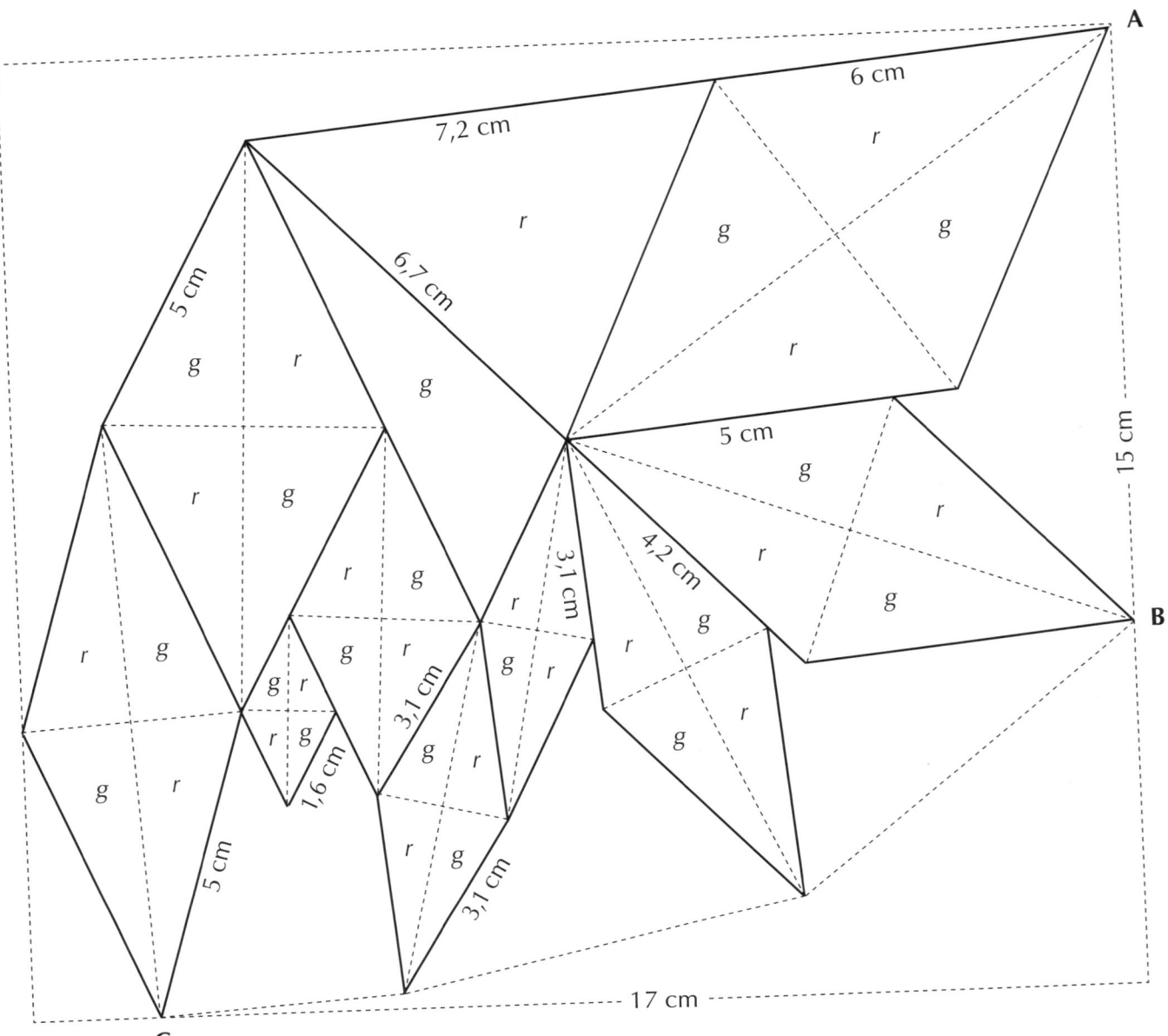

Lösung

1. siehe Zeichnung

2. siehe Zeichnung: A = 15 cm · 17 cm = 255 cm²

7 Kreise und Halbkreise 1

Name: Klasse:

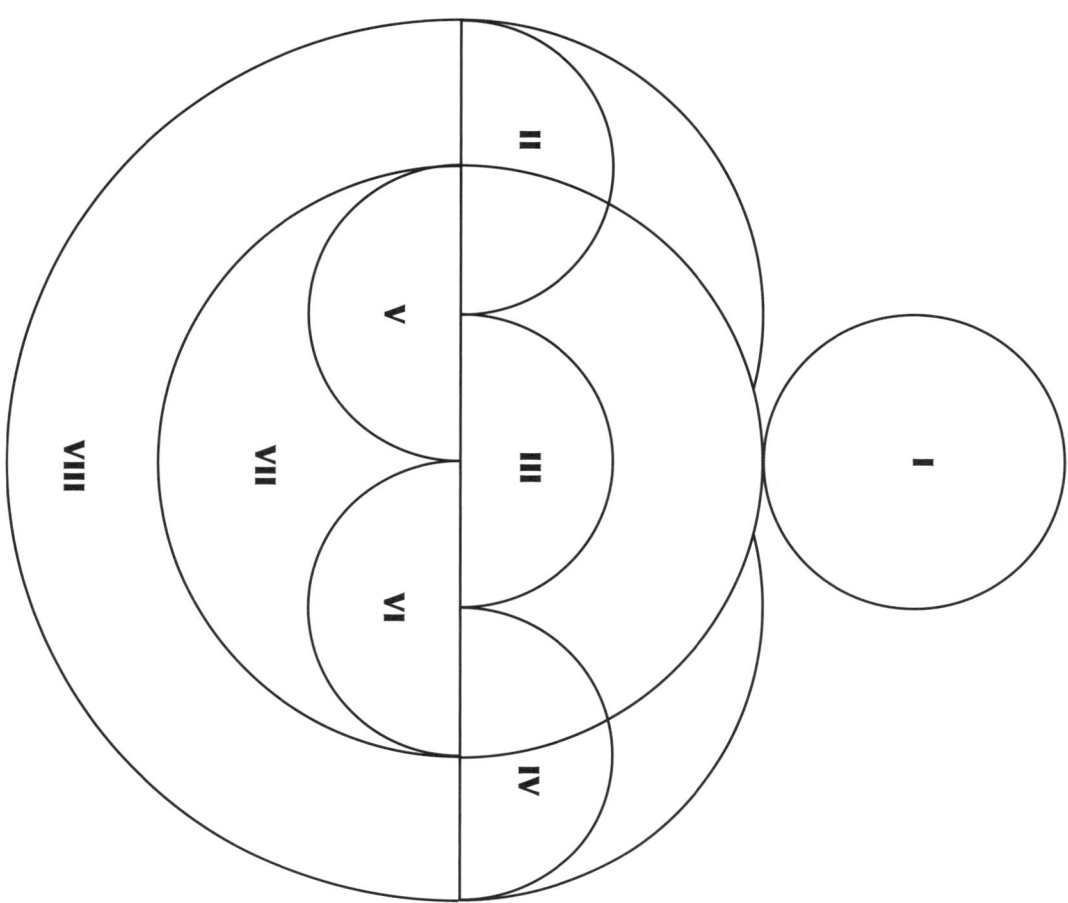

Aufgaben

Die Linie in dieser Figur hat eine Länge von 12 cm.

1. Denke dir die Figur um 90° entgegen dem Uhrzeigersinn gedreht und zeichne sie selber noch einmal.
2. Berechne die Flächeninhalte I – VIII.
3. Die Figur ist achsensymmetrisch. Zeichne die Achse ein und male die Figur farbig aus.

Ilse Gretenkord: Mandalas und geometrische Figuren • 5. bis 10. Klasse • Best.-Nr. 661

7 Lösung

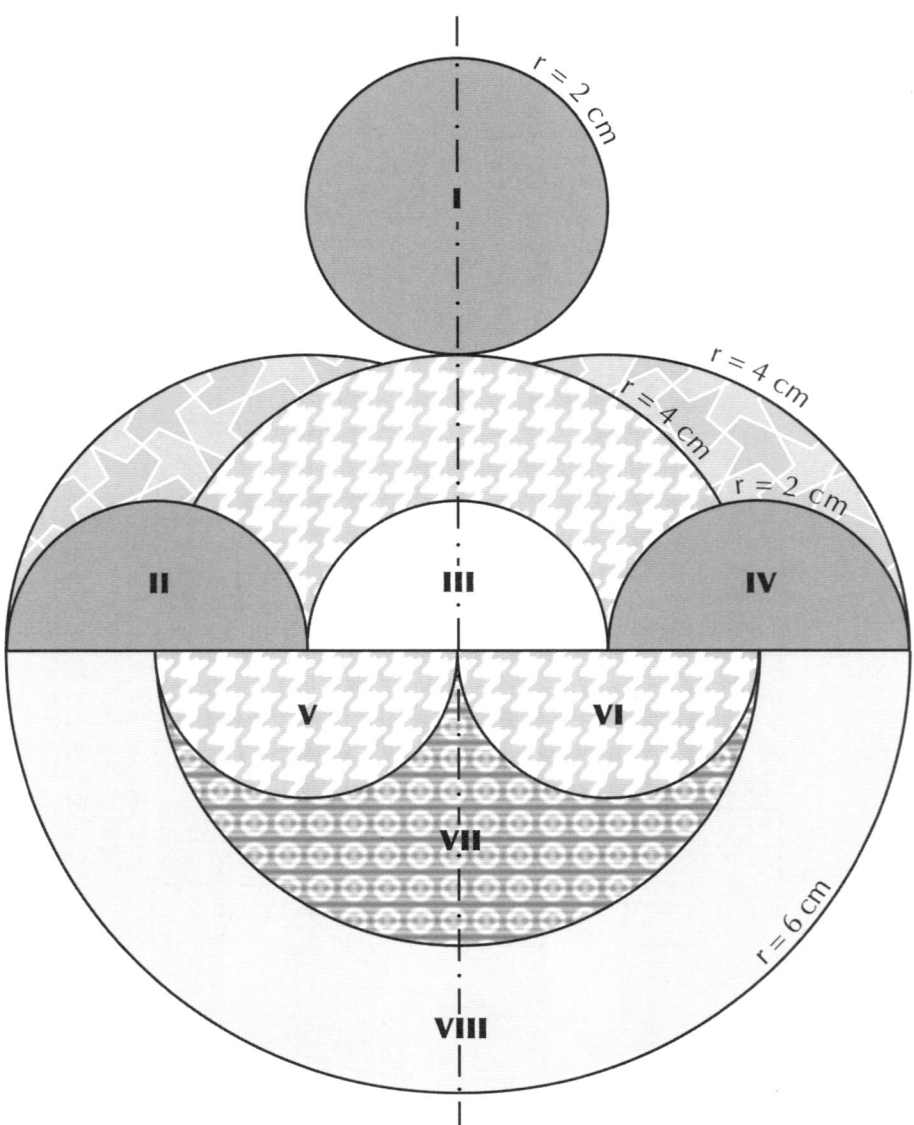

Lösung

1. siehe Zeichnung

2. $A_I = \pi \cdot (2\text{ cm})^2 \approx 12{,}57 \text{ cm}^2$

   $A_{II} = \frac{1}{2} \pi (2\text{ cm})^2 \approx 6{,}28 \text{ cm}^2 = A_{III} = A_{IV} = A_V = A_{VI}$

   $A_{VII} = \frac{1}{2} \pi (4\text{ cm})^2 - \pi (2\text{ cm})^2$
   $\approx 25{,}13 \text{ cm}^2 - 12{,}57 \text{ cm}^2$
   $\approx 12{,}56 \text{ cm}^2$

   $A_{VIII} = \frac{1}{2} \pi (6\text{ cm})^2 - \frac{1}{2} \pi (4\text{ cm})^2$
   $\approx 56{,}55 \text{ cm}^2 - 25{,}13 \text{ cm}^2$
   $\approx 31{,}42 \text{ cm}^2$

3. siehe Zeichnung
   (Die verschiedenen Farben sind hier durch unterschiedliche Grautöne bzw. Muster dargestellt.)

8 Quadrate im Kreis

Name: Klasse:

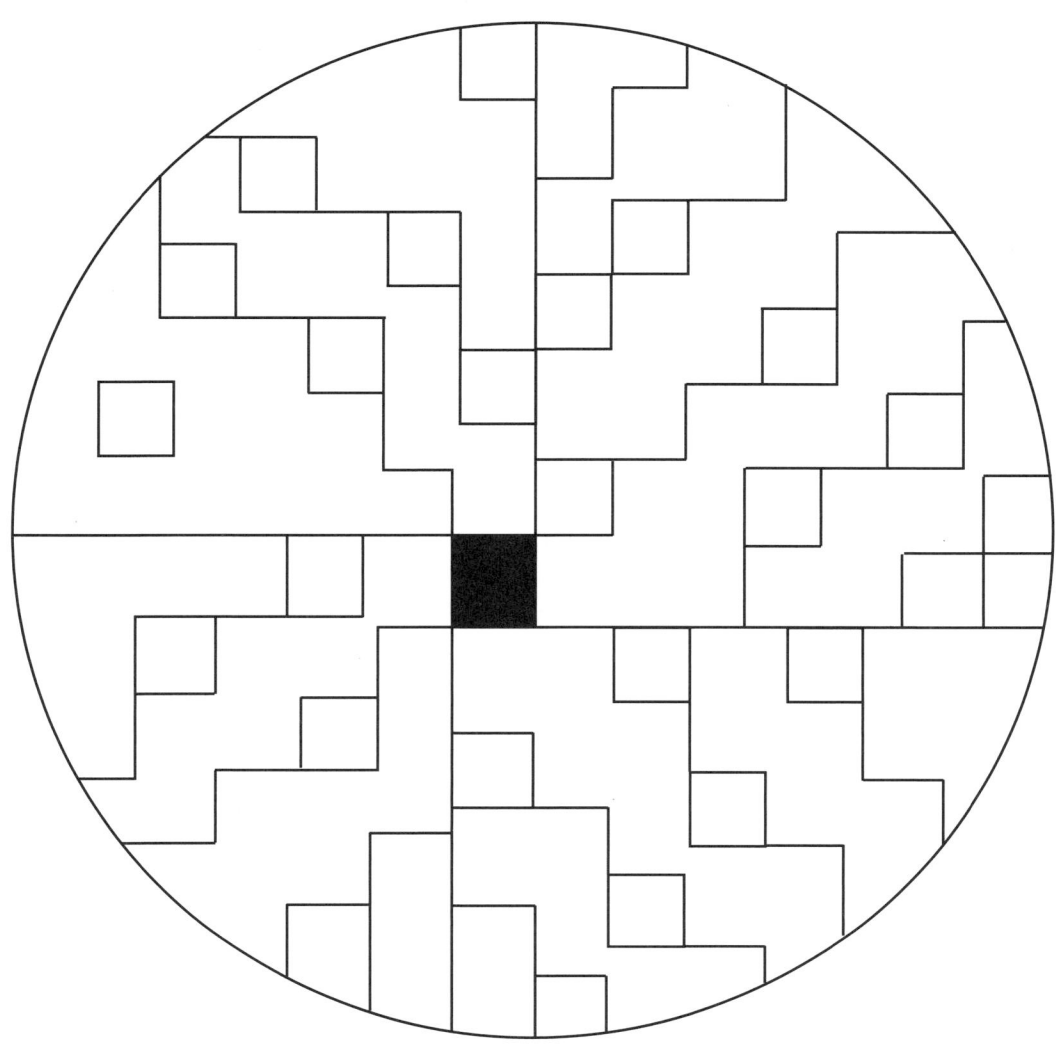

Aufgaben

1. Finde alle vollständigen Quadrate und male sie dunkel aus.
2. Berechne den Flächeninhalt der Kreisfläche abzüglich der Summe der Flächeninhalte der Quadrate.
3. Male das Mandala nach Belieben farbig aus.

8 Lösung

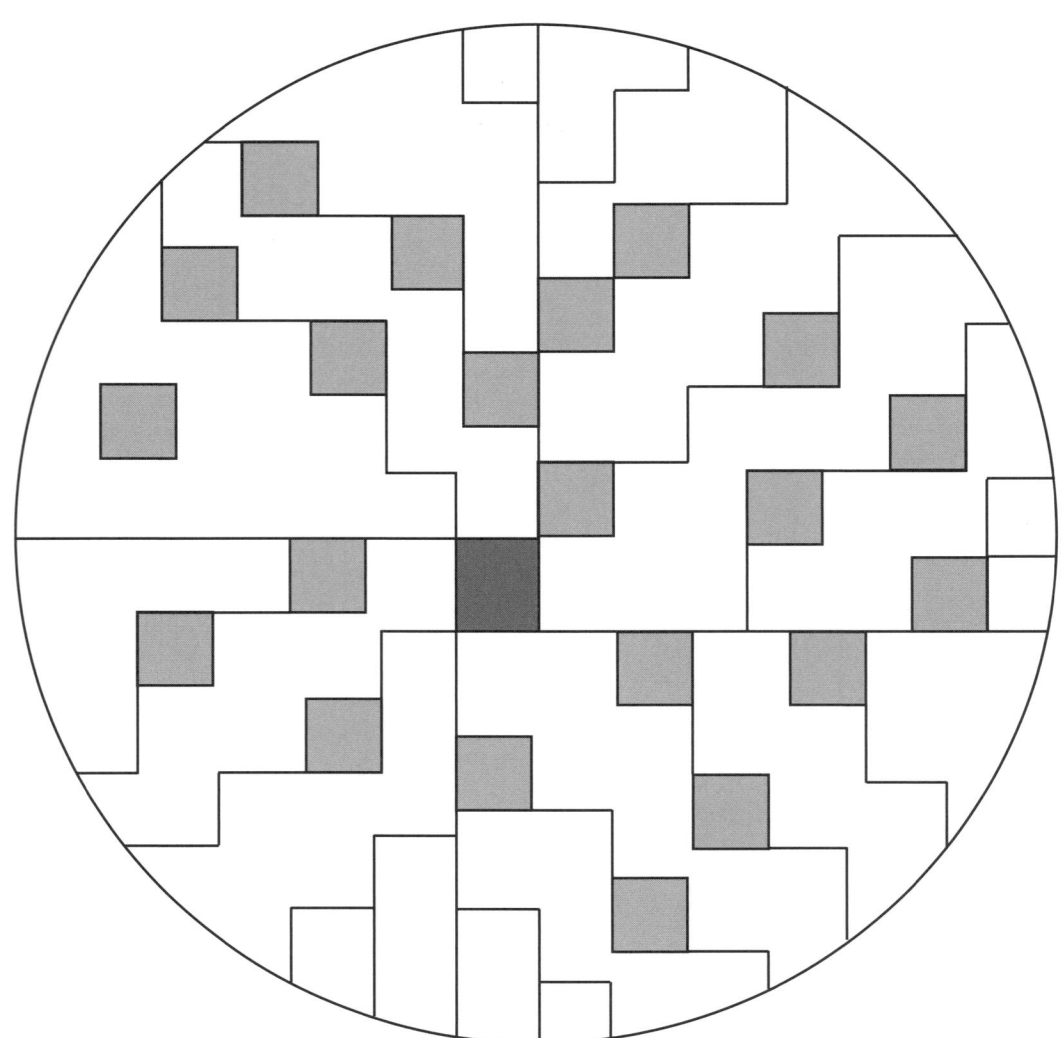

Lösung

1. siehe Zeichnung

2. $A_\square = 21 \cdot (1\ \text{cm})^2 = 21\ \text{cm}^2$
   $A_\bigcirc = \pi \cdot (7\ \text{cm})^2 \approx 153{,}94\ \text{cm}^2$
   $A = 153{,}94\ \text{cm}^2 - 21\ \text{cm}^2 \approx 132{,}94\ \text{cm}^2$

9 Trapeze

Name: Klasse:

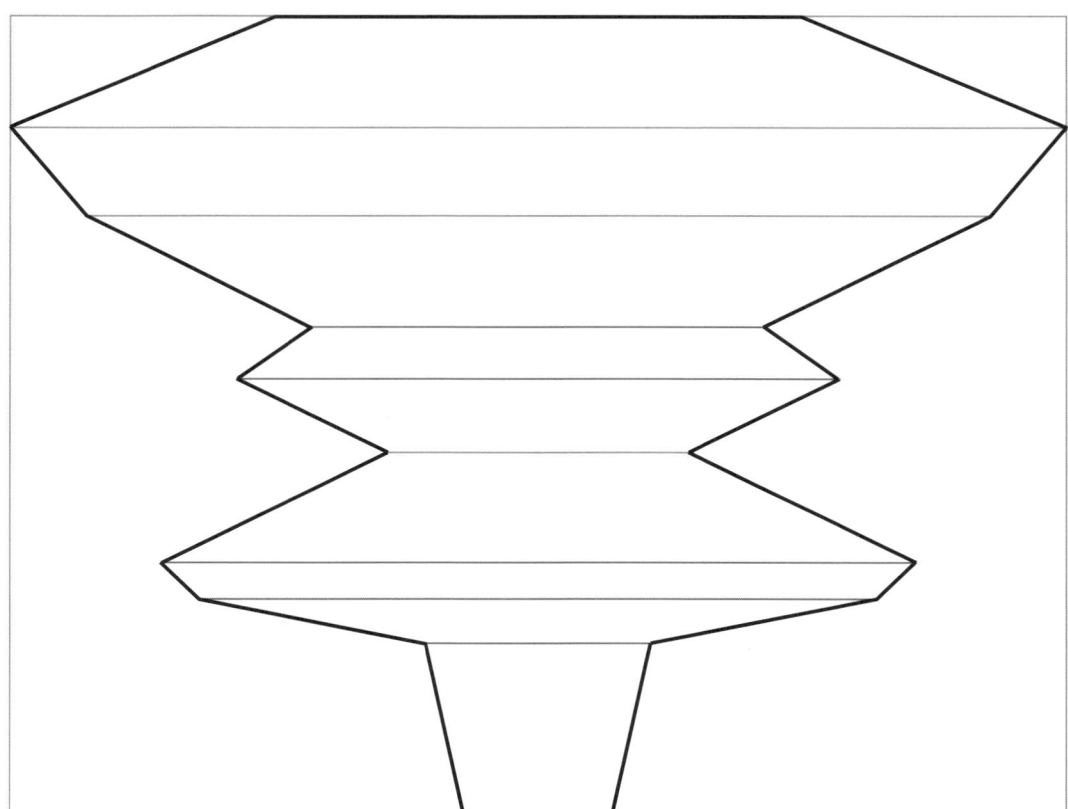

Aufgaben

1. Berechne den Flächeninhalt der fett umrandeten Fläche.
   Miss die dafür nötigen Längen aus.

2. Berechne die Größe der Restfläche.

3. Färbe die drei kleinsten Flächen rot, die drei größten Flächen gelb ein.

9 Lösung

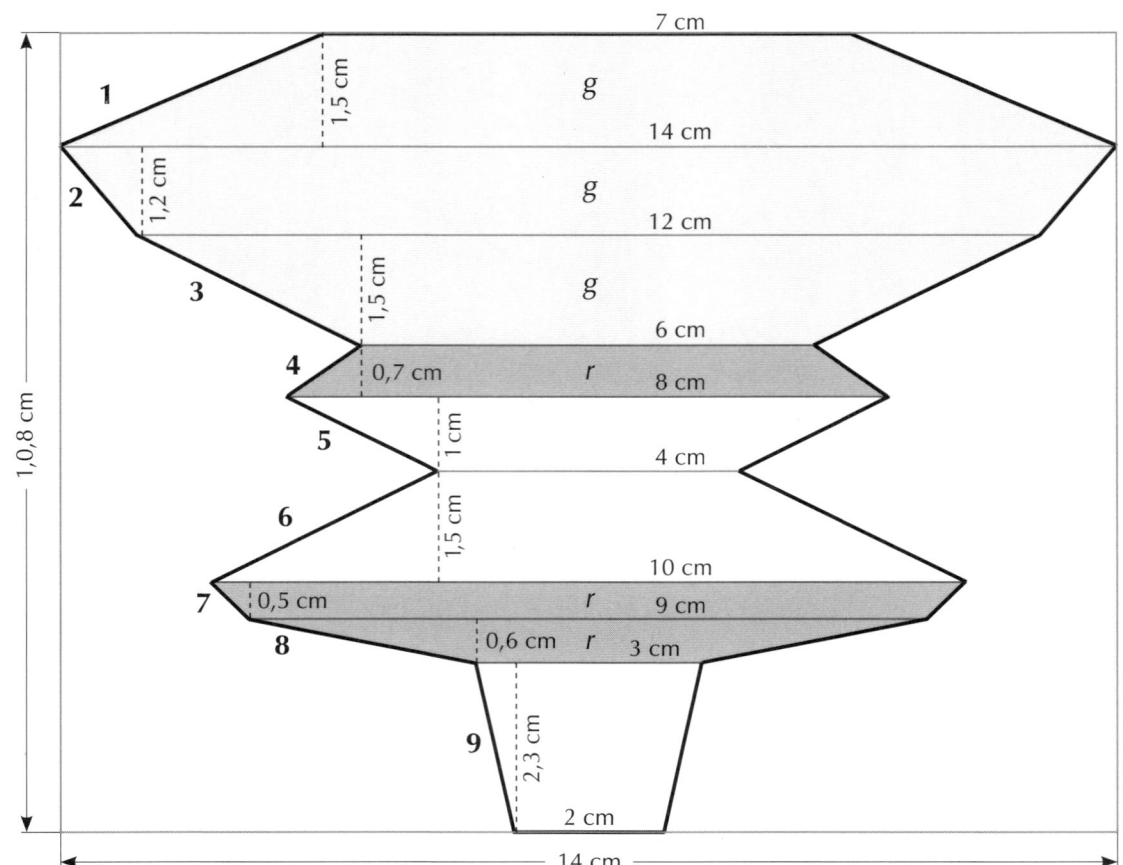

Lösung

1. $A_1 = \dfrac{14\text{ cm} + 7\text{ cm}}{2} \cdot 1,5\text{ cm} = 15,75\text{ cm}^2$

   $A_2 = \dfrac{14\text{ cm} + 12\text{ cm}}{2} \cdot 1,2\text{ cm} = 15,6\text{ cm}^2$

   $A_3 = \dfrac{12\text{ cm} + 6\text{ cm}}{2} \cdot 1,5\text{ cm} = 13,5\text{ cm}^2$

   $A_4 = \dfrac{6\text{ cm} + 8\text{ cm}}{2} \cdot 0,7\text{ cm} = 4,9\text{ cm}^2$

   $A_5 = \dfrac{8\text{ cm} + 4\text{ cm}}{2} \cdot 1,0\text{ cm} = 6,0\text{ cm}^2$

   $A_6 = \dfrac{4\text{ cm} + 10\text{ cm}}{2} \cdot 1,5\text{ cm} = 10,5\text{ cm}^2$

   $A_7 = \dfrac{10\text{ cm} + 9\text{ cm}}{2} \cdot 0,5\text{ cm} = 4,75\text{ cm}^2$

   $A_8 = \dfrac{9\text{ cm} + 3\text{ cm}}{2} \cdot 0,6\text{ cm} = 3,6\text{ cm}^2$

   $A_9 = \dfrac{3\text{ cm} + 2\text{ cm}}{2} \cdot 2,3\text{ cm} = 5,75\text{ cm}^2 \qquad A = 80,35\text{ cm}^2$

2. $A_\square = 14\text{ cm} \cdot 10,8\text{ cm} = 151,2\text{ cm}^2$
   $A_{Rest} = 151,2\text{ cm}^2 - 80,35\text{ cm}^2 = 70,85\text{ cm}^2$

3. siehe Zeichnung

10 Drachenvierecke

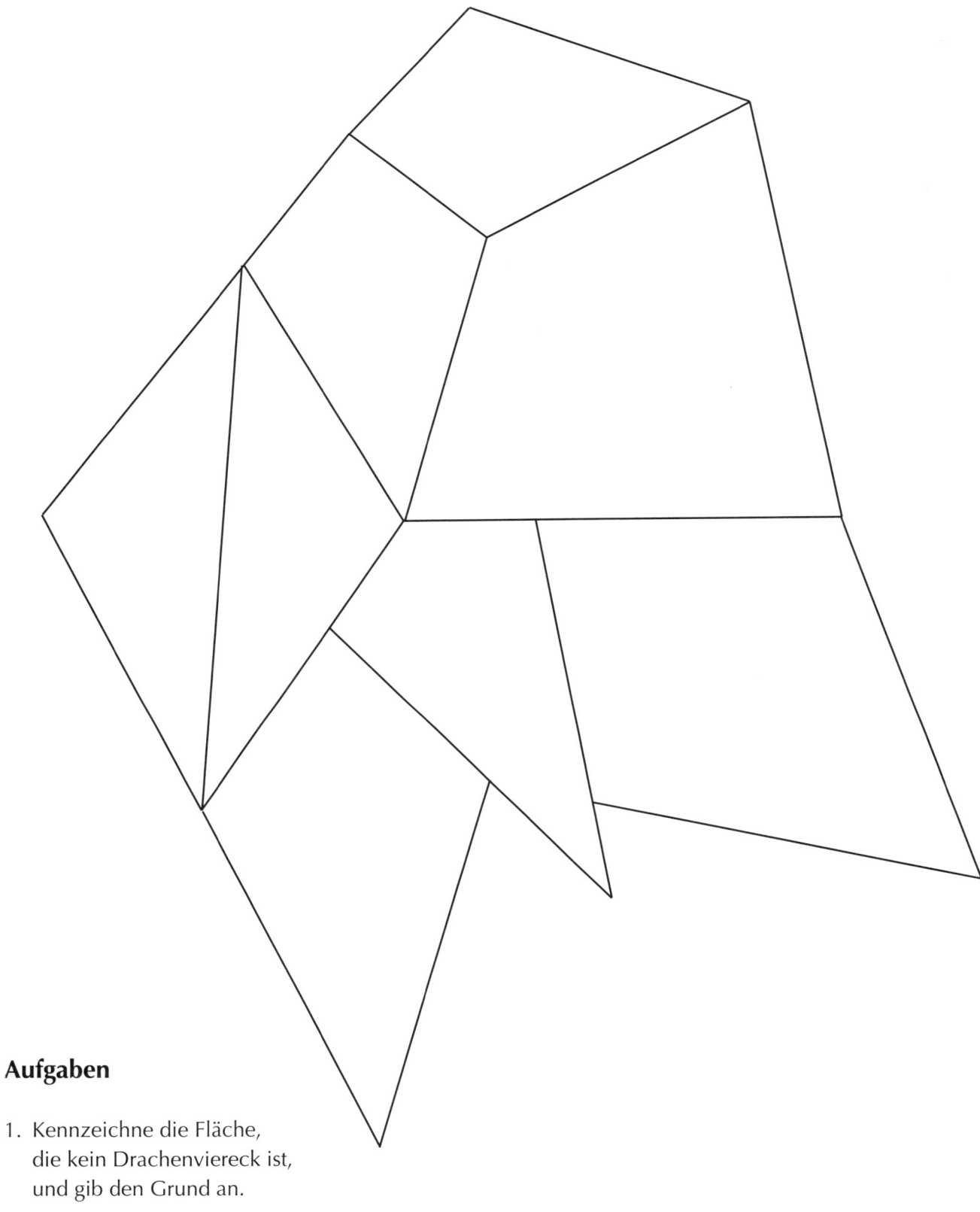

Aufgaben

1. Kennzeichne die Fläche, die kein Drachenviereck ist, und gib den Grund an.

2. Miss die Linien aus, die du benötigst, um die Flächeninhalte der 6 Drachenvierecke zu berechnen. Berechne sie anschließend.

3. Berechne schließlich auch den Flächeninhalt des Vierecks, das kein Drachenviereck ist.

4. Male die Drachenvierecke nach Belieben zu bunten Drachen aus.

10 Lösung

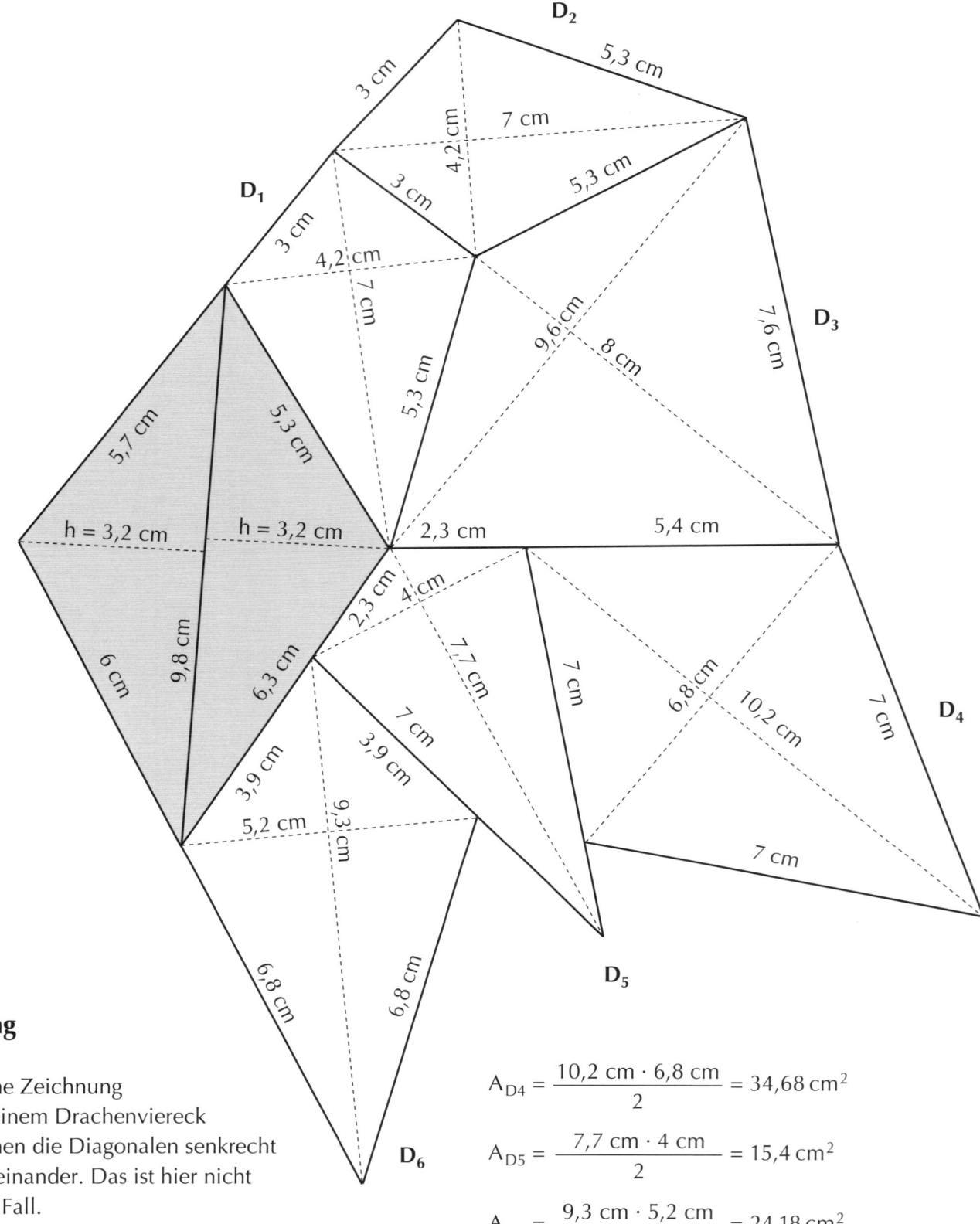

Lösung

1. siehe Zeichnung
   In einem Drachenviereck stehen die Diagonalen senkrecht aufeinander. Das ist hier nicht der Fall.

2. $A_{D1} = \dfrac{7\text{ cm} \cdot 4{,}2\text{ cm}}{2} = 14{,}7\text{ cm}^2 = A_{D2}$

   $A_{D3} = \dfrac{8\text{ cm} \cdot 9{,}6\text{ cm}}{2} = 38{,}4\text{ cm}^2$

   $A_{D4} = \dfrac{10{,}2\text{ cm} \cdot 6{,}8\text{ cm}}{2} = 34{,}68\text{ cm}^2$

   $A_{D5} = \dfrac{7{,}7\text{ cm} \cdot 4\text{ cm}}{2} = 15{,}4\text{ cm}^2$

   $A_{D6} = \dfrac{9{,}3\text{ cm} \cdot 5{,}2\text{ cm}}{2} = 24{,}18\text{ cm}^2$

3. $A_{\triangledown 1} = \dfrac{9{,}8\text{ cm} \cdot 3{,}2\text{ cm}}{2} = 15{,}68\text{ cm}^2 = A_{\triangledown 2}$

   $A = A_{\triangledown 1} + A_{\triangledown 2} = 31{,}36\text{ cm}^2$

11 *Halbkreise und Viertelkreise*   Name: Klasse:

Aufgaben

1. Das Quadrat hat einen Flächeninhalt von 36 cm². Zeichne die Figur noch einmal.
2. Wie viele Vollkreise erhältst du, wenn du alle Halb- und Viertelkreise zusammennimmst?
3. Beschreibe, wie du den Flächeninhalt der Fläche berechnen würdest, die in der Quadratmitte liegt.
4. Male das Mandala so aus, dass Punktsymmetrie zum Mittelpunkt entsteht.

11 *Lösung*

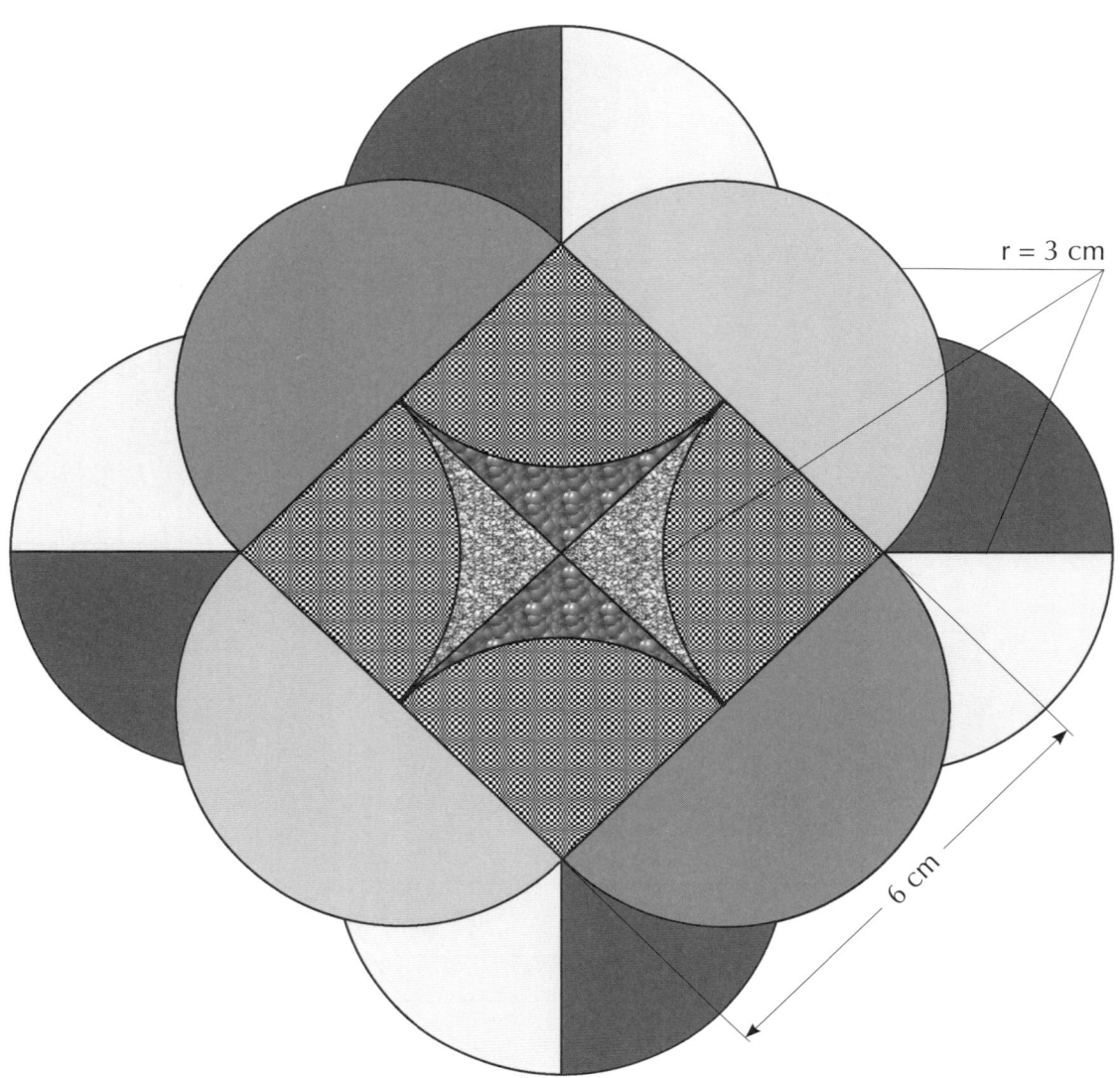

Lösung

1. ✓

2. 3

3. Von der Quadratfläche muss der Flächeninhalt des Kreises subtrahiert werden. Der Kreis hat einen Radius, der halb so lang ist wie die Quadratseite.

4. siehe Zeichnung
   (Die verschiedenen Farben sind hier durch unterschiedliche Grautöne bzw. Muster dargestellt.)

12 Rechtecke im Kreis

Name:　　　　　　　　Klasse:

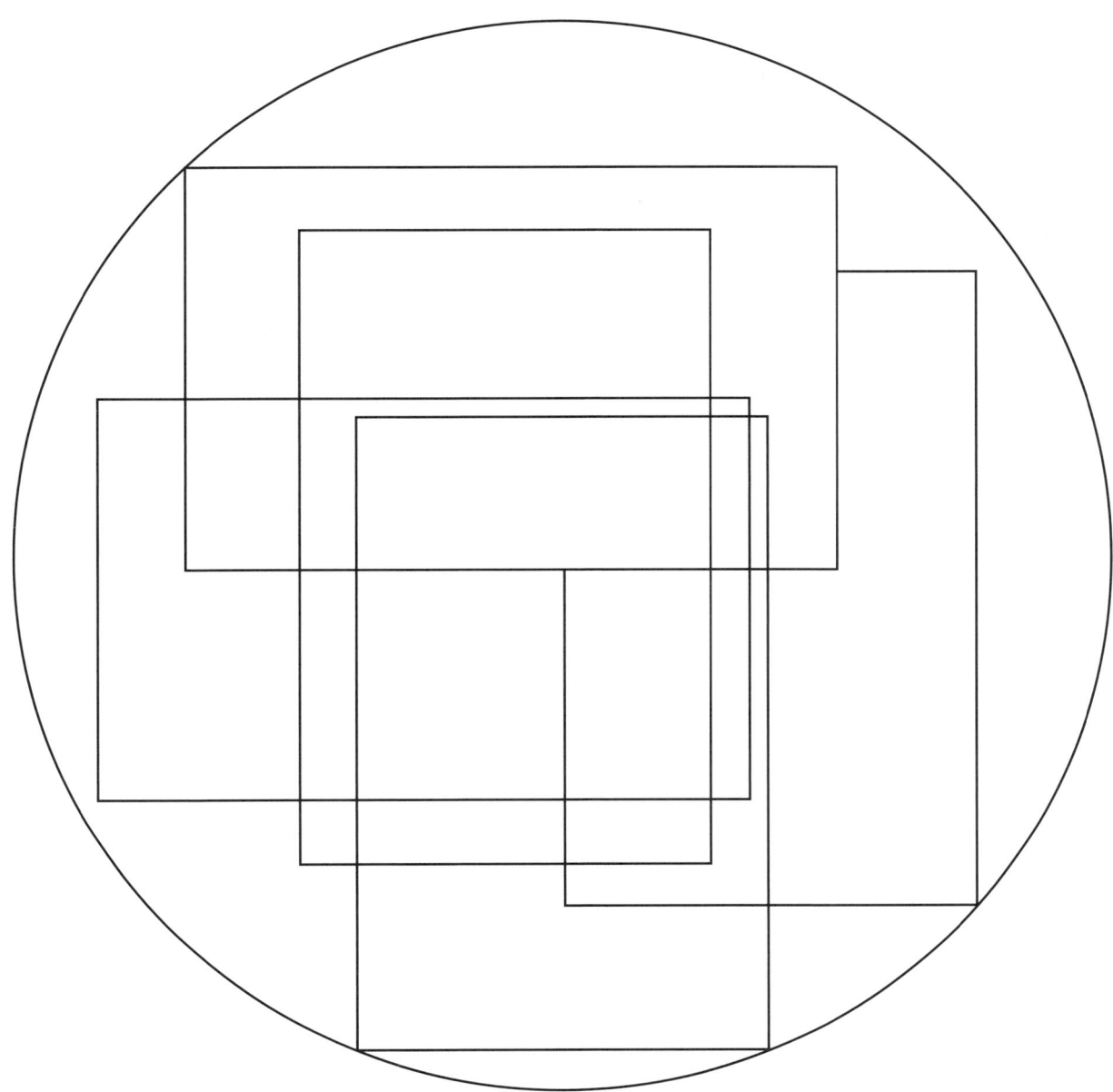

Aufgaben

1. Finde heraus, wie viele gleich große Rechtecke in diesem Kreis stehen.
2. Färbe die Flächenstücke rot, die außen liegen und nicht von anderen überlappt sind.
3. Male die weiteren Flächen nach Belieben aus.

12 Lösung

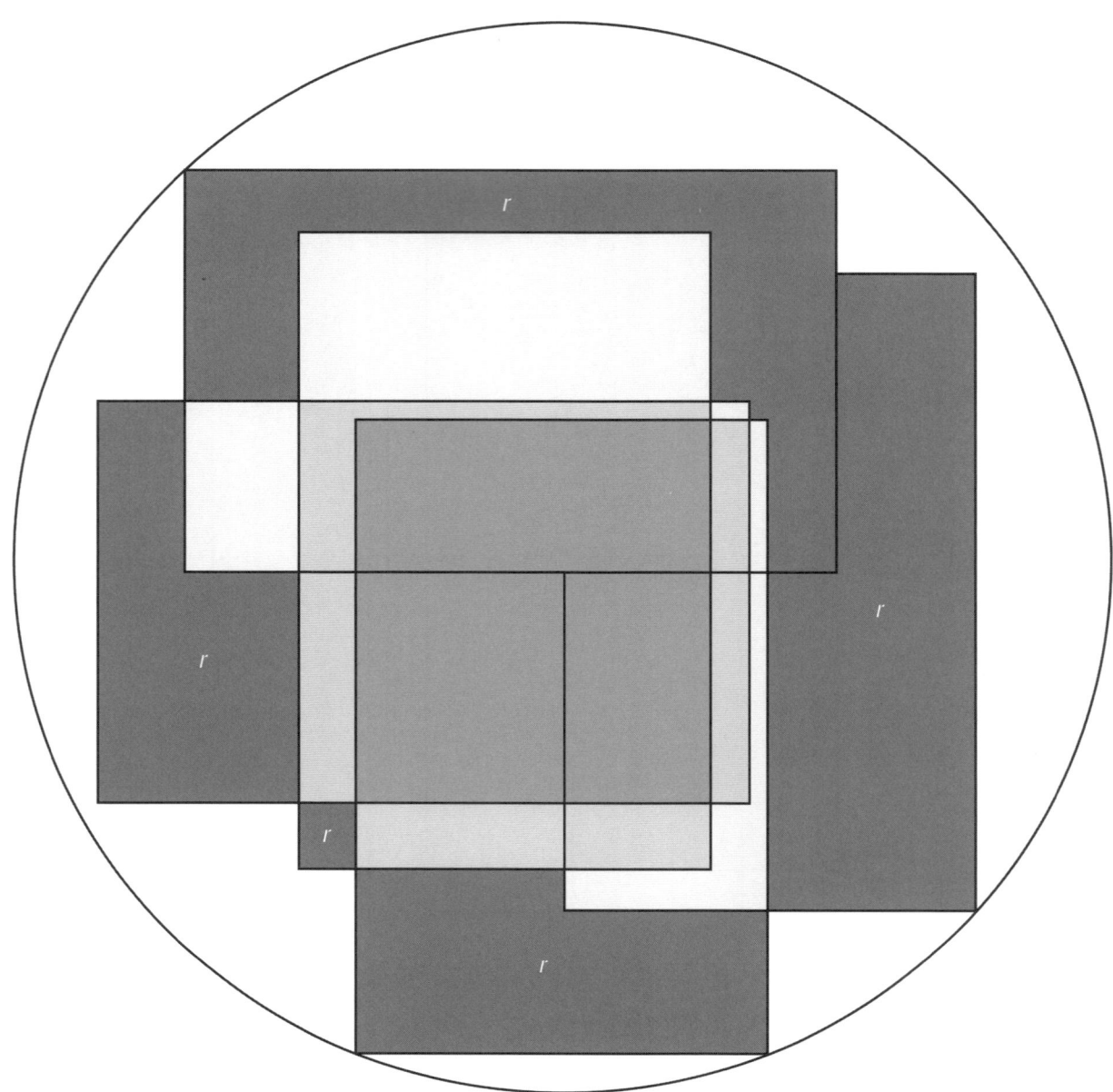

Lösung

1. 5

2. siehe Zeichnung

13 Halbkreise und Kreisausschnitte

Name: Klasse:

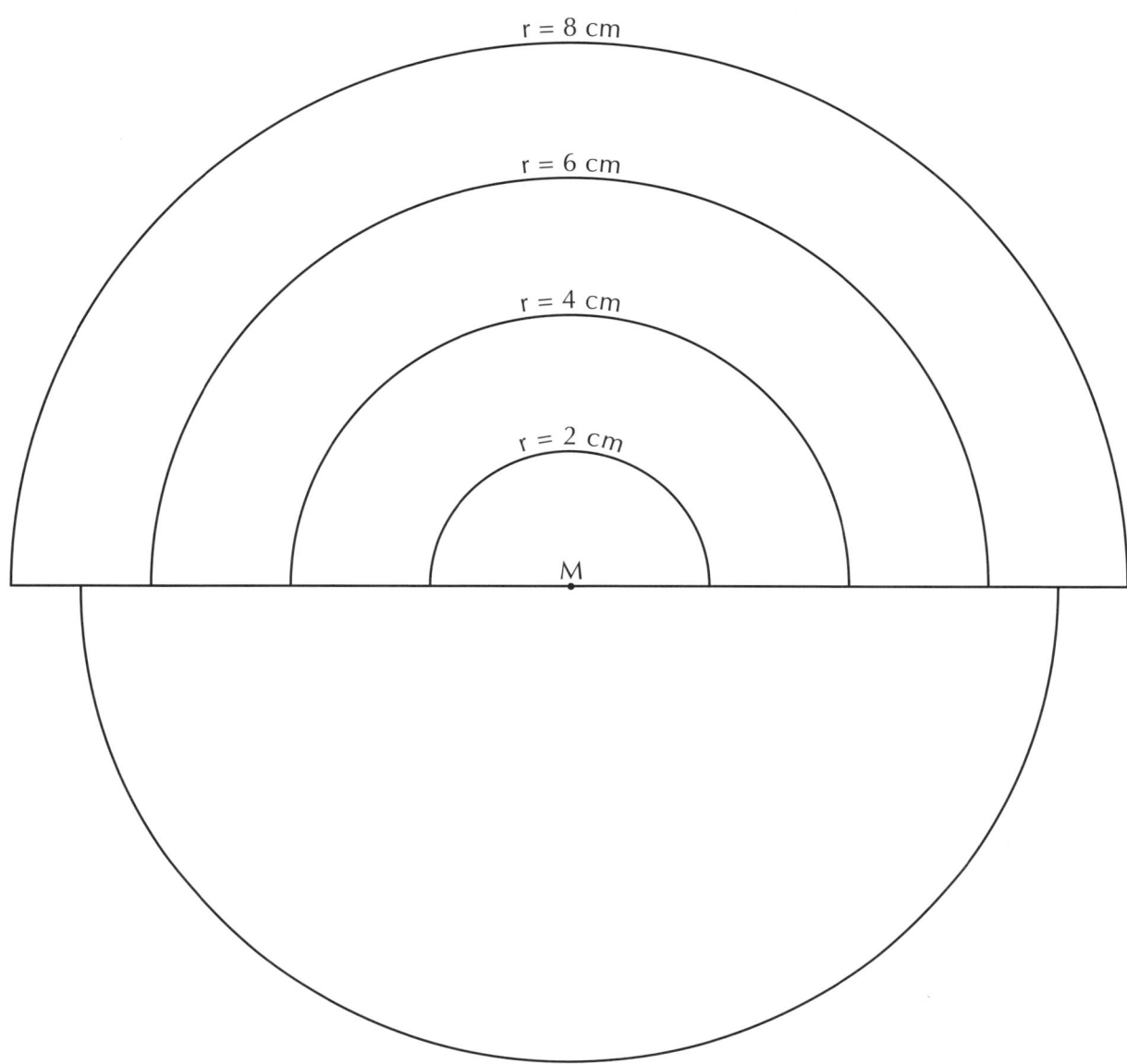

Aufgaben

1. Erkenne das Prinzip und zeichne die drei Halbkreise ein, die noch fehlen.

2. Unterteile die obere Halbkreisfläche in neun gleiche Teile, die untere in sechs. Nimm die Unterteilung von M aus vor.

3. Male die Felder nach Belieben aus.

13 Lösung

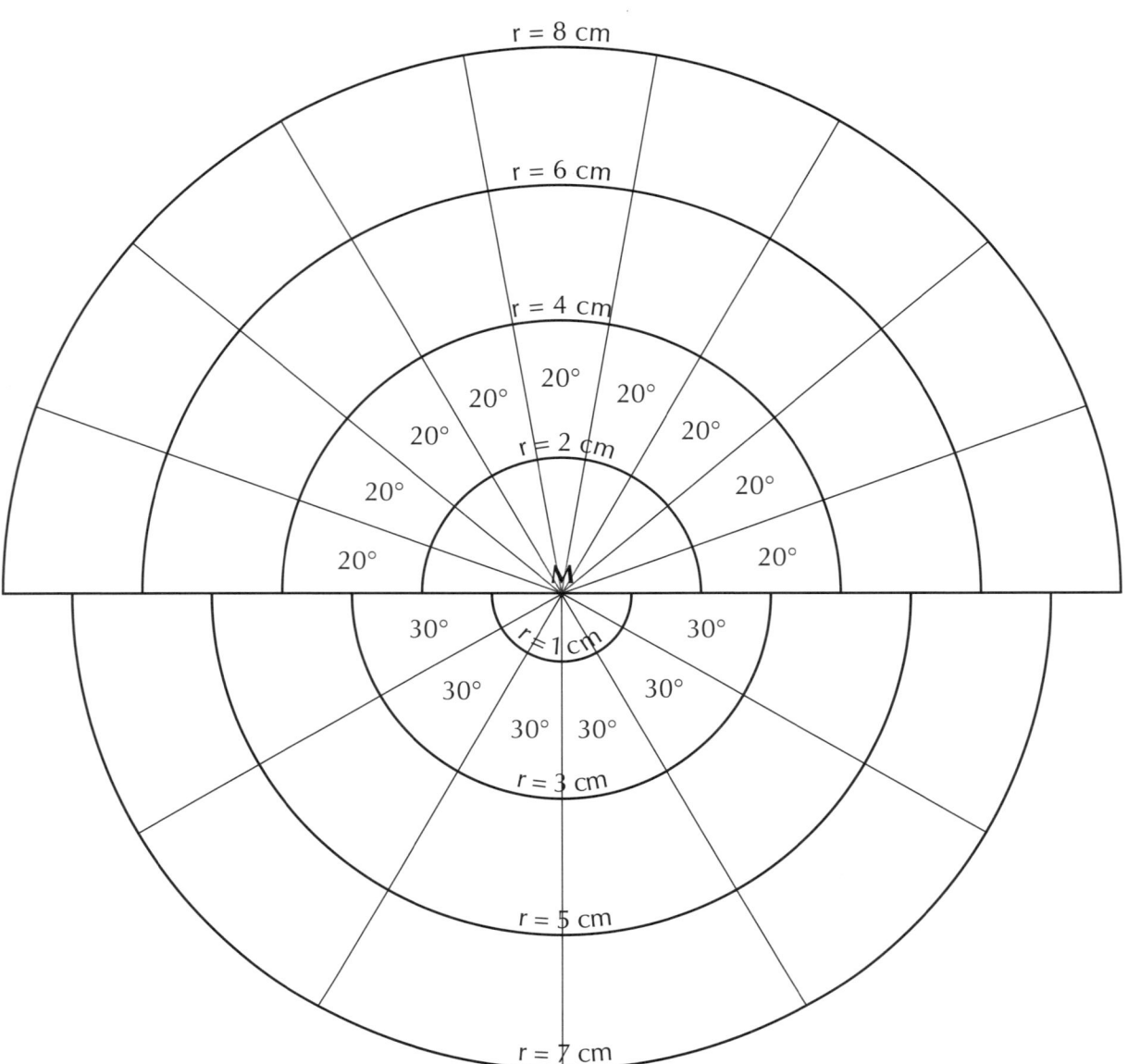

Lösung

1. siehe Zeichnung
2. siehe Zeichnung

14 Felder im Kreis

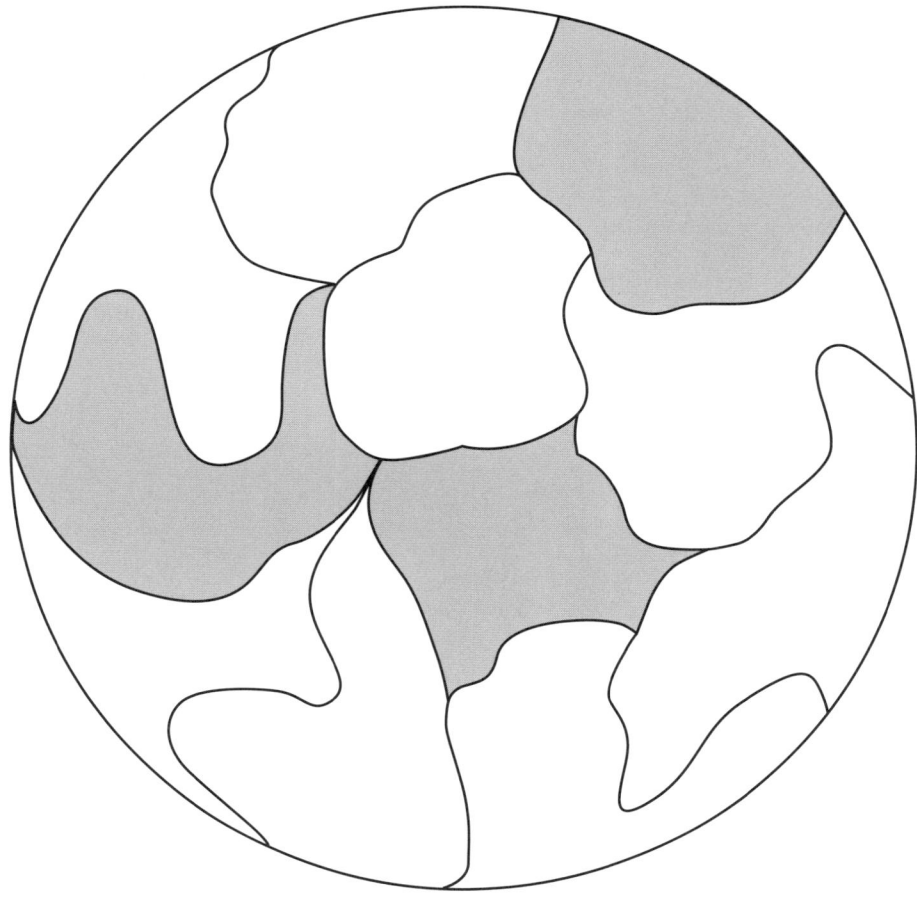

Aufgaben

1. Begründe, warum die grauen Felder weniger als ein Drittel der Gesamtfläche ausmachen.

2. Verwende zum Einfärben der weißen Felder zwei Farben deiner Wahl.
   Färbe so ein, dass nie zwei gleich gefärbte Felder nebeneinander liegen.

14 Lösung

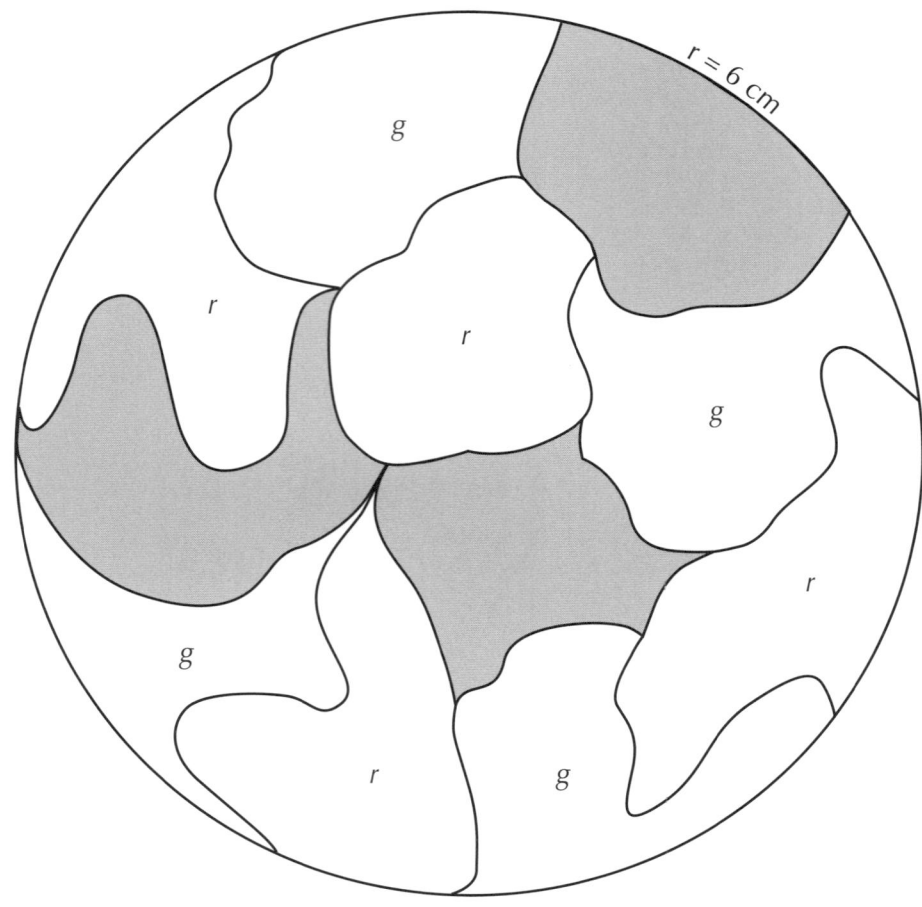

Lösung

1. 8 der 11 Felder sind weiß und vom geschätzten Flächeninhalt kaum kleiner, z. T. auch etwa gleich groß wie die grauen Felder.

2. siehe Zeichnung
   r steht für rot.
   g steht für gelb oder grün

15 Dreiecke, Trapeze und Halbkreise

Name: Klasse:

Aufgaben

1. Färbe alle geradlinig begrenzten Flächen in je einer anderen Farbe ein und berechne die Flächeninhalte dieser Flächen.

2. Verbinde die Ecken benachbarter Flächen, sodass Dreiecke entstehen.
   Miss die für die Dreiecksberechnungen relevanten Dreieckslinien und berechne die Flächeninhalte der entstandenen Dreiecke.

3. Färbe die Kreisstücke, die an Halbkreise erinnern, nach Belieben ein.

15 Lösung

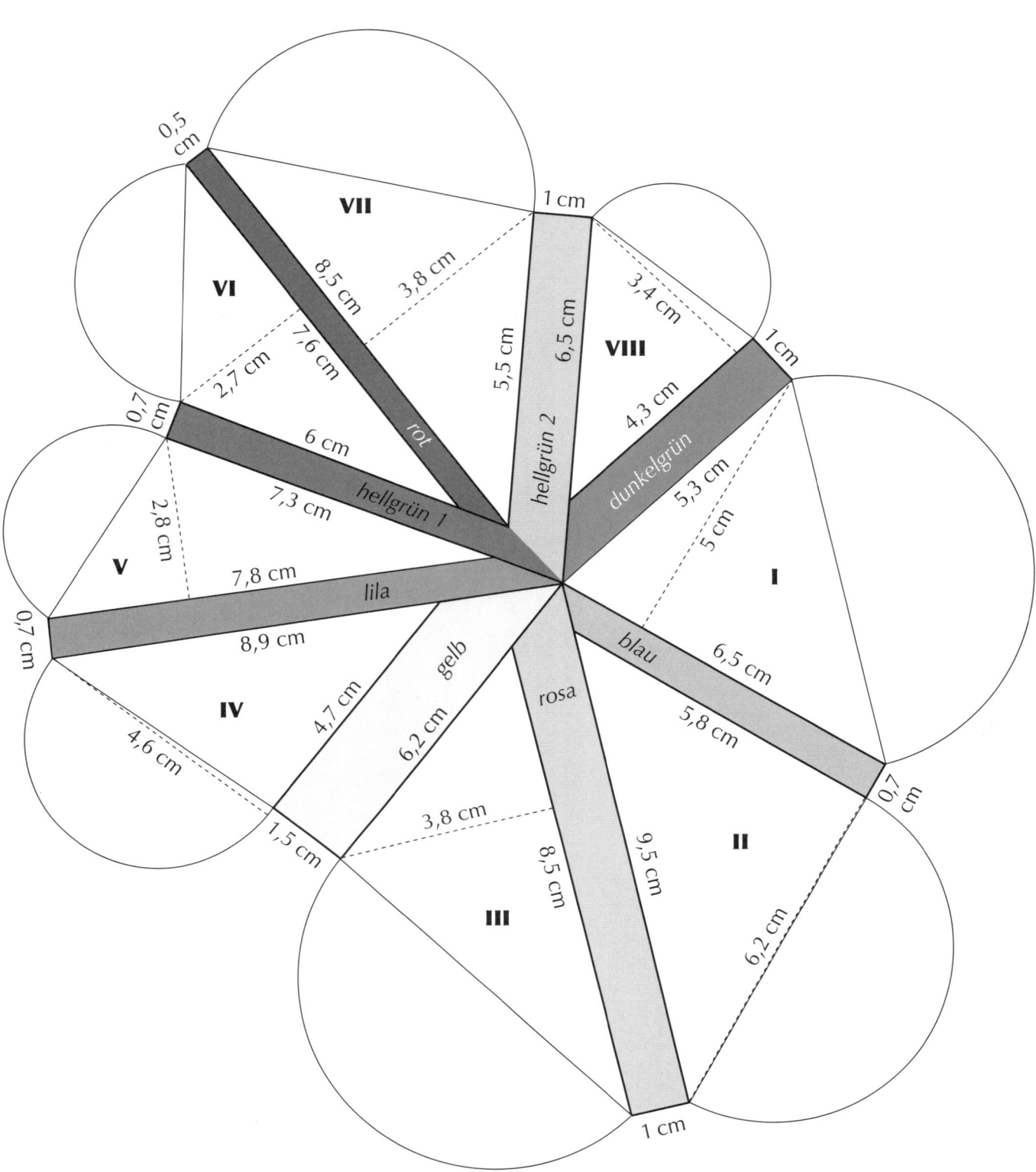

15 Lösung

Lösung

1. $A_{lila} = \dfrac{8{,}9\ cm + 7{,}8\ cm}{2} \cdot 0{,}7\ cm = 5{,}845\ cm^2$

   $A_{gelb} = \dfrac{6{,}2\ cm + 4{,}7\ cm}{2} \cdot 1{,}5\ cm = 8{,}175\ cm^2$

   $A_{rosa} = \dfrac{9{,}5\ cm + 8{,}5\ cm}{2} \cdot 1\ cm = 9\ cm^2$

   $A_{blau} = \dfrac{6{,}5\ cm + 5{,}8\ cm}{2} \cdot 0{,}7\ cm = 4{,}305\ cm^2$

   $A_{dunkelgrün} = \dfrac{5{,}3\ cm + 4{,}3\ cm}{2} \cdot 1 = 4{,}8\ cm^2$

   $A_{hellgrün\ 1} = \dfrac{7{,}3\ cm + 6\ cm}{2} \cdot 0{,}7 = 4{,}655\ cm^2$

   $A_{hellgrün\ 2} = \dfrac{6{,}5\ cm + 5{,}5\ cm}{2} \cdot 1\ cm = 6\ cm^2$

   $A_{rot} = \dfrac{8{,}5\ cm + 7{,}6\ cm}{2} \cdot 0{,}5\ cm = 4{,}025\ cm^2$

2. siehe Zeichnung

   $A_{\triangle I} = \dfrac{6{,}5\ cm \cdot 5\ cm}{2} = 16{,}25\ cm^2$

   $A_{\triangle II} = \dfrac{6{,}2\ cm \cdot 5{,}8\ cm}{2} = 17{,}98\ cm^2$

   $A_{\triangle III} = \dfrac{8{,}5\ cm \cdot 3{,}8\ cm}{2} = 16{,}15\ cm^2$

   $A_{\triangle IV} = \dfrac{4{,}7\ cm \cdot 4{,}6\ cm}{2} = 10{,}81\ cm^2$

   $A_{\triangle V} = \dfrac{7{,}8\ cm \cdot 2{,}8\ cm}{2} = 10{,}92\ cm^2$

   $A_{\triangle VI} = \dfrac{7{,}6\ cm \cdot 2{,}7\ cm}{2} = 10{,}26\ cm^2$

   $A_{\triangle VII} = \dfrac{8{,}5\ cm \cdot 3{,}8\ cm}{2} = 16{,}15\ cm^2$

   $A_{\triangle VIII} = \dfrac{4{,}3\ cm \cdot 3{,}4\ cm}{2} = 7{,}31\ cm^2$

16 Netze von Prismen

Name:　　　　　　Klasse:

Diese Aufgabe hat mit Netzen von Prismen zu tun. Wähle drei unterschiedliche Farben, um je ein Netz eines Prismas einzufärben!

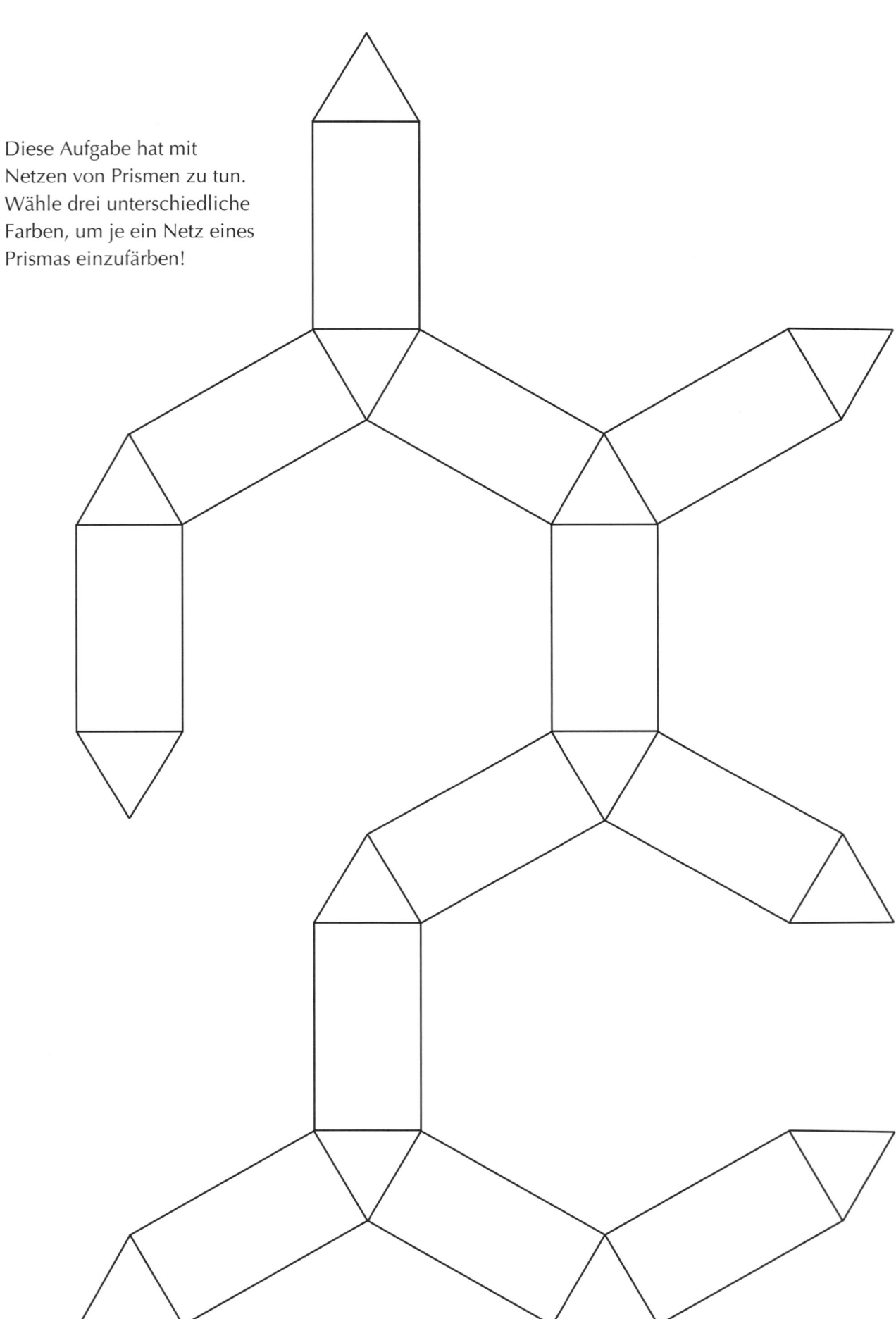

36　Ilse Gretenkord: Mandalas und geometrische Figuren • 5. bis 10. Klasse • Best.-Nr. 661　　© Brigg Pädagogik Verlag, Augsburg

16 Lösung

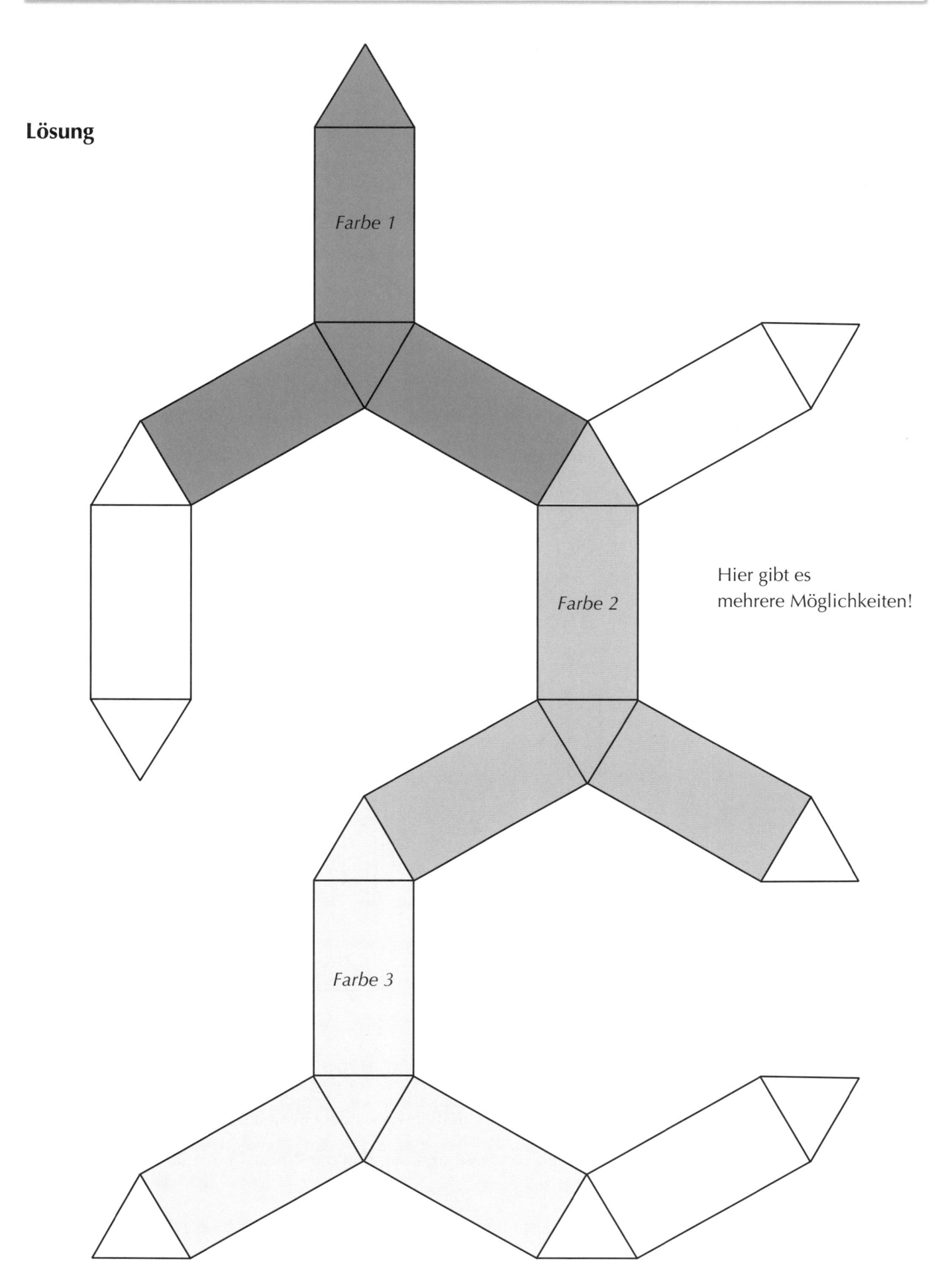

Lösung

Farbe 1

Farbe 2

Hier gibt es mehrere Möglichkeiten!

Farbe 3

17 Fantasiefigur

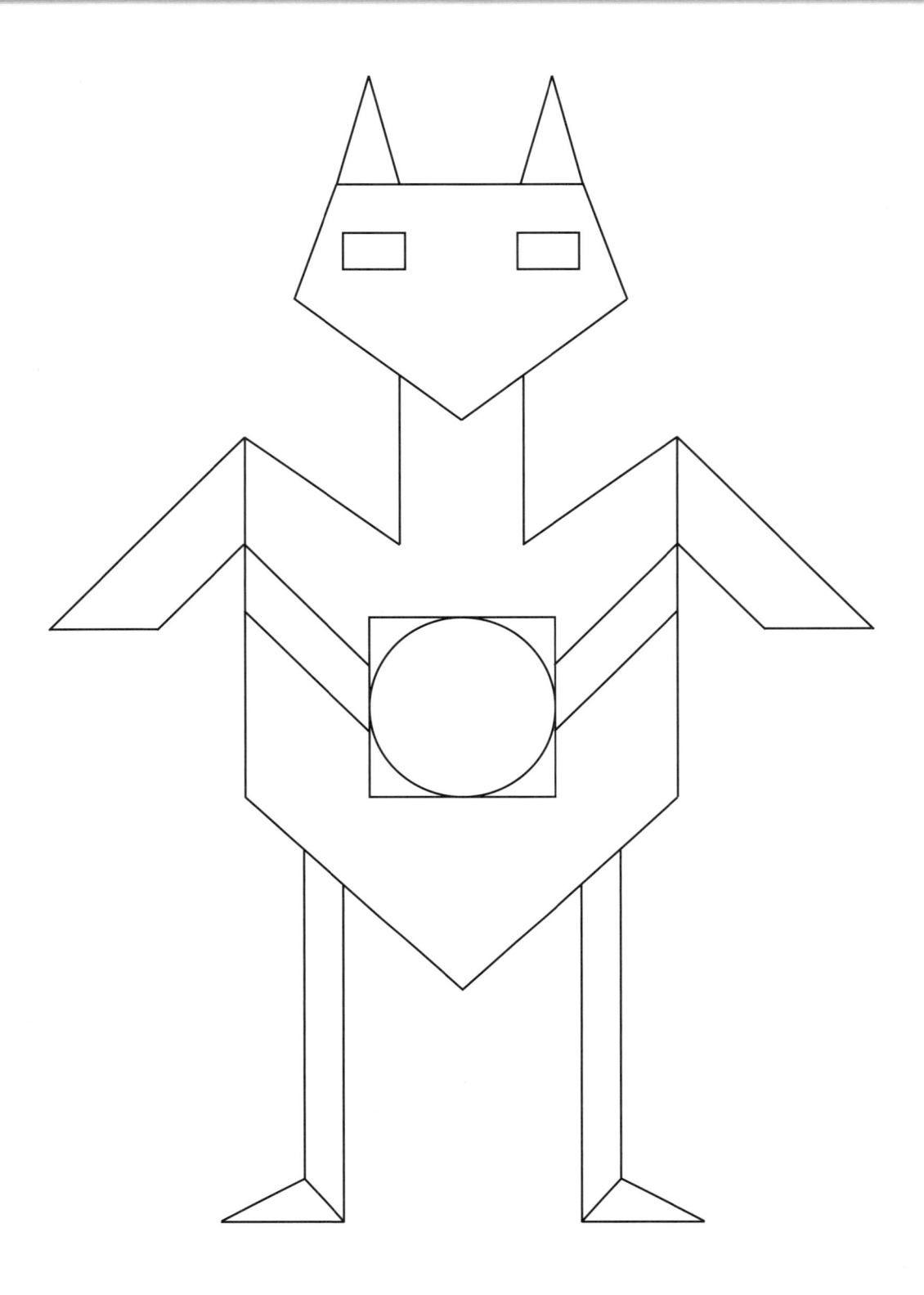

Aufgaben

1. Berechne die gesamte Oberfläche dieser Figur. Beschreibe, wie du dabei vorgehst.

2. Vervollständige die Figur durch Einzeichnen von Nase und Mund in der Weise, dass Achsensymmetrie vorliegt.

3. Färbe die Figur nach Belieben ein.

17 Lösung

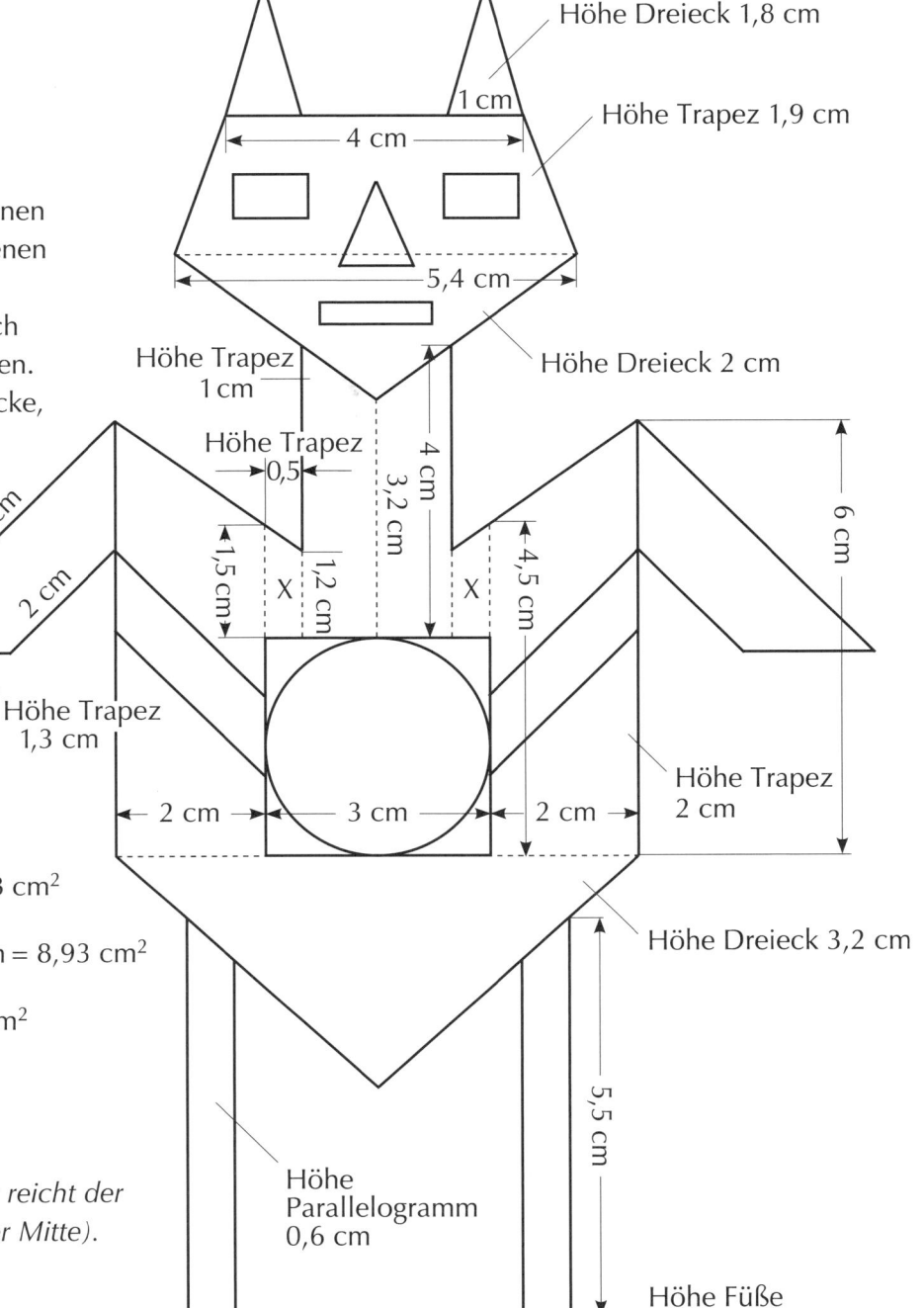

Lösung

1. Um die gesamte Oberfläche berechnen zu können, muss man die vorhandenen Flächenstücke so unterteilen, dass Flächen entstehen, deren Inhalte sich mittels einer Formel berechnen lassen. Somit erhält man die Figuren Dreiecke, Rechtecke, Trapeze, Quadrate und Parallelogramme. Die Kreisfläche, die im Quadrat liegt, muss nicht auch noch berechnet werden; ebenso wenig die im Kopf liegenden Augen, Nase und Mund. Da die Figur achsensymmetrisch ist, brauchen manche Flächeninhalte nur verdoppelt zu werden. Die Berechnung beginnt am Kopf.

$A_{Ohren} = 2 \cdot \dfrac{1\,cm \cdot 1{,}8\,cm}{2} = 1{,}8\,cm^2$

$A_{oberer\ Kopf} = \dfrac{5{,}4\,cm + 4\,cm}{2} \cdot 1{,}9\,cm = 8{,}93\,cm^2$

$A_{unterer\ Kopf} = \dfrac{5{,}4\,cm \cdot 2\,cm}{2} = 5{,}4\,cm^2$

$A_{Hals} = 2 \cdot \dfrac{4\,cm + 3{,}2\,cm}{2} \cdot 1\,cm = 7{,}2\,cm^2$

Anmerkung: Der Einfachheit halber reicht der Hals bis zum Bauch (Quadrat in der Mitte).

$A_{\square} = 3\,cm \cdot 3\,cm = 9\,cm^2$

$A_{2x} = 2 \cdot \dfrac{1{,}2\,cm + 1{,}5\,cm}{2} \cdot 0{,}5\,cm = 1{,}35\,cm^2$

$A_{2x\ Körperseiten} = 2 \cdot \dfrac{4{,}5\,cm + 6\,cm}{2} \cdot 2\,cm = 21\,cm^2$

Anmerkung: Die Streifen in den Körperhälften müssen nicht eigens berechnet werden.

$A_{Arme} = 2 \cdot \dfrac{4{,}5\,cm + 2\,cm}{2} \cdot 1{,}3\,cm = 8{,}45\,cm^2$

$A_{Beine} = 2 \cdot 5{,}5\,cm \cdot 0{,}6\,cm = 6{,}6\,cm^2$

$A_{\triangledown} = \dfrac{7\,cm \cdot 3{,}2\,cm}{2} = 11{,}2\,cm^2$

$A_{Füße} = 2 \cdot \dfrac{2\,cm \cdot 0{,}7\,cm}{2} = 1{,}4\,cm^2$

$A_{gesamt} = 82{,}33\,cm^2$

2. siehe Zeichnung

   Anmerkung: Hier gibt es mehrere Möglichkeiten.

18 *Trapez und Würfel*   Name: Titus B.   Klasse: 7E

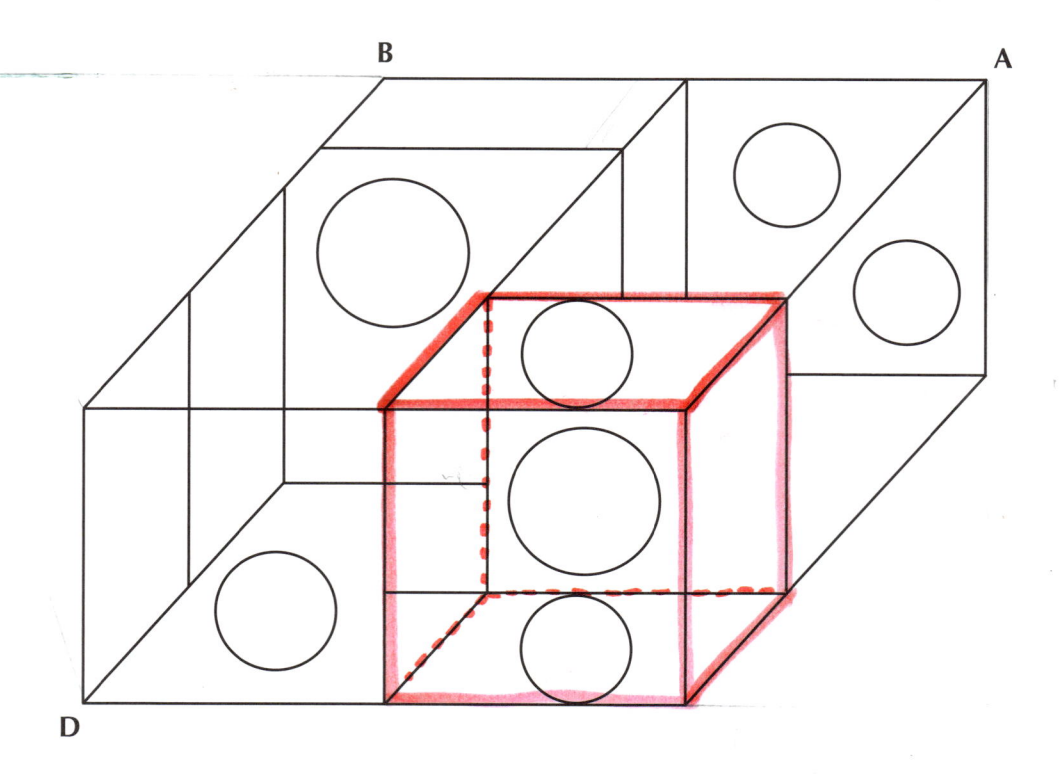

Aufgaben

1. Verlängere die Strecke $\overline{AB}$ über B hinaus um 6,8 cm. Benenne den Eckpunkt mit C. Verbinde C mit D und vervollständige das kleinste Trapez, das die Figur vollständig einschließt.

2. Welche Besonderheit weist dieses Trapez auf? Es hat …

3. Berechne den Flächeninhalt des Trapezes.

4. Die Zeichnung enthält das Schrägbild eines Würfels. Ziehe die sichtbaren Kanten des Würfels in Rot dick nach, die unsichtbaren in gestricheltem Rot.

5. Was verwirrt bei der fertigen Zeichnung?

18 Lösung

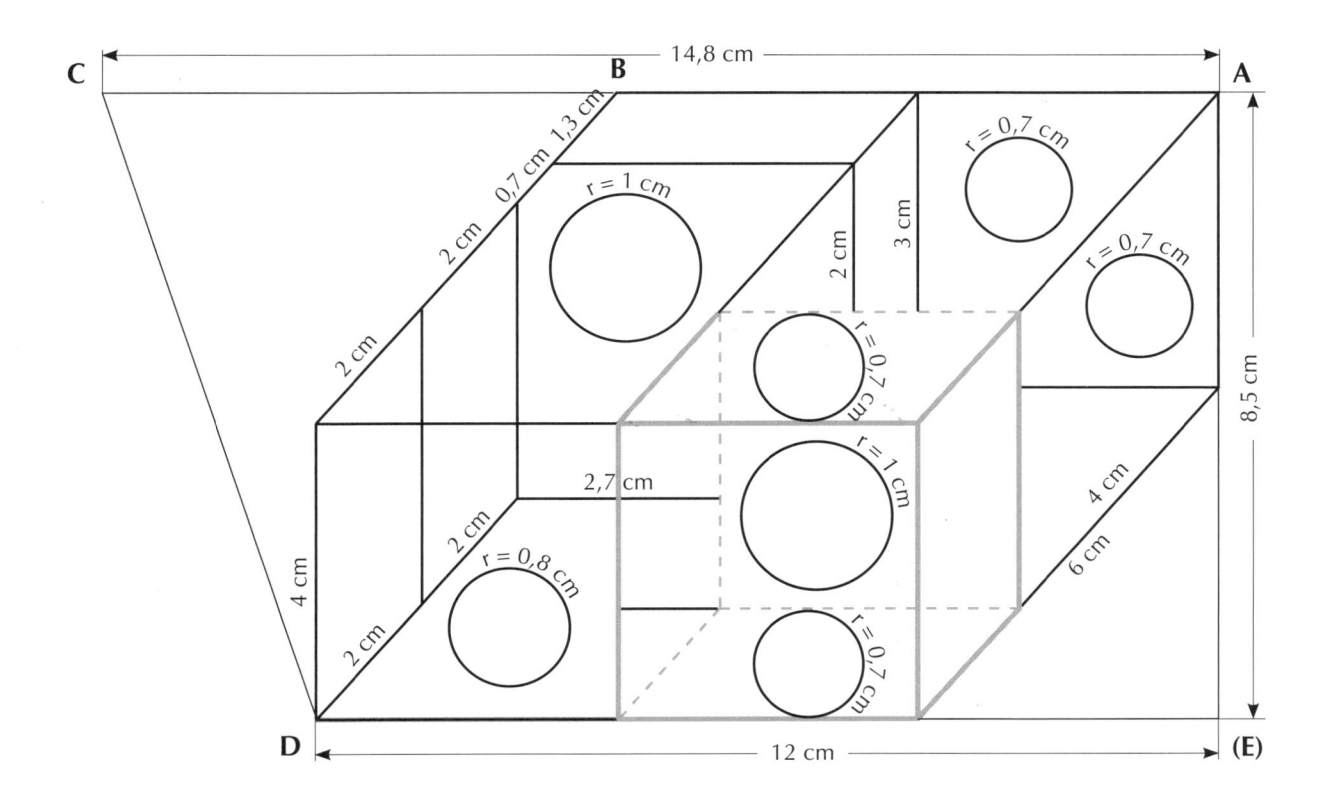

[Zeichnung mit Trapez ABCD und eingezeichnetem Quader sowie Kreisen mit verschiedenen Radien und Maßangaben: 14,8 cm (CA), 8,5 cm (Höhe rechts), 12 cm (DE), diverse 2 cm, 0,7 cm, 1,3 cm, 3 cm, 4 cm, 6 cm, 2,7 cm; Kreisradien r = 1 cm, r = 0,7 cm, r = 0,8 cm]

Lösung

1. siehe Zeichnung

2. Es hat zwei rechte Winkel.

3. $A_T = \dfrac{14{,}8 \text{ cm} + 12 \text{ cm}}{2} \cdot 8{,}5 \text{ cm} = 113{,}9 \text{ cm}^2$

4. siehe Zeichnung

5. Die Figur wirkt dreidimensional. Dann aber könnte das Trapez, das durch A, B, C, D (und E) verläuft, nicht zweidimensional sein.

Ilse Gretenkord: Mandalas und geometrische Figuren □ 5. bis 10. Klasse □ Best.-Nr. 661

19 Tortenstücke und Kreisringe

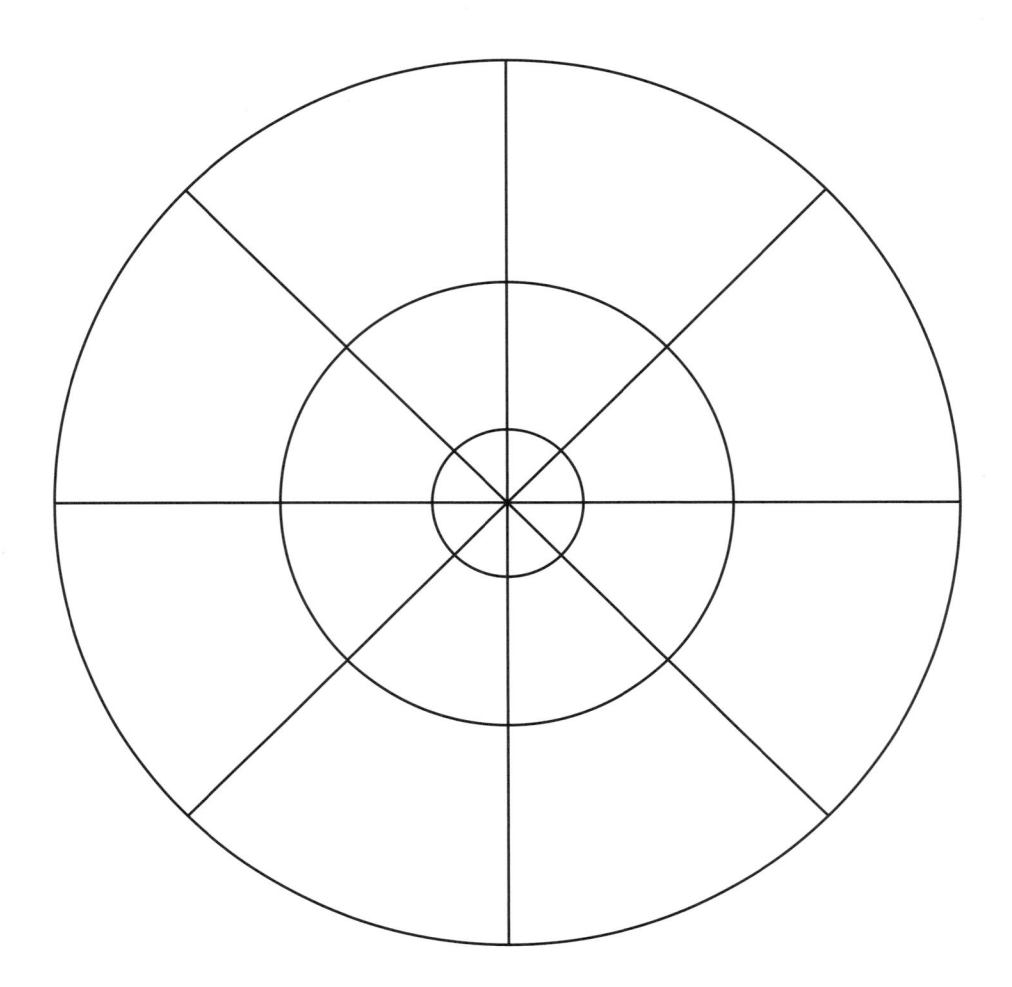

Aufgaben

1. Der zweite Kreis hat den dreifachen Radius des ersten Kreises, der dritte Kreis hat den doppelten Radius des zweiten Kreises. Wie oft passt der kleinste Kreis in beide Kreisringe?

2. Berechne den Flächeninhalt eines der 8 Tortenstücke.

3. Berechne den Flächeninhalt der Spitze, des Mittelstückes und des Endstückes eines Tortenstückes.

4. Wähle zwei Farben zum Ausmalen.
   Male die Kreisfelder mithilfe dieser Farben so an, dass keine gleichen Farben nebeneinander liegen.

19 Lösung

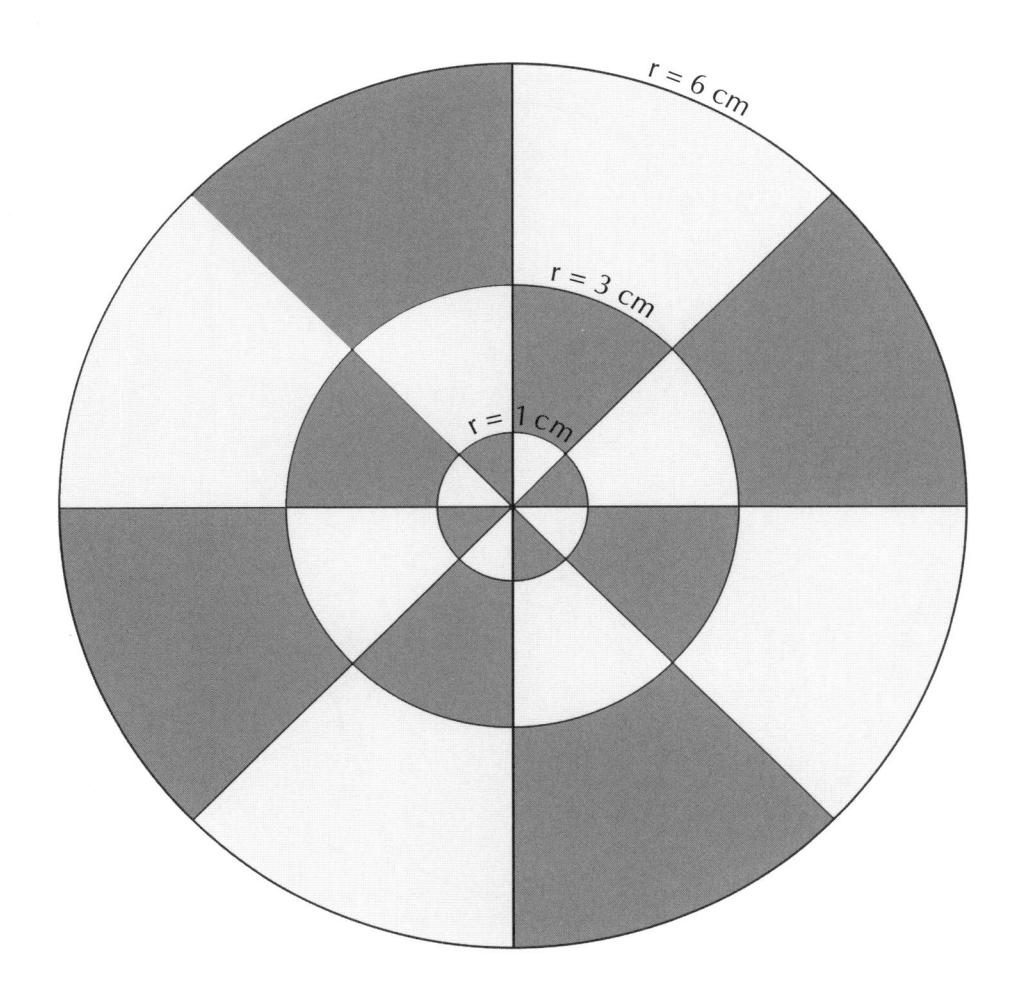

Lösung

1. $A_{\bigcirc klein}$ = π (1 cm)² ≈ 3,14 cm²

    $A_{\bigcirc mittel}$ = π (3 cm)² ≈ 28,3 cm²

    $A_{\bigcirc groß}$ = π (6 cm)² ≈ 113,1 cm²

    $A_{Kreisring\ mittel}$ = 28,3 cm² − 3,14 cm² ≈ 25,16 cm²

    25,16 cm² : 3,14 cm² ≈ 8 (Der kleine Kreis passt 8-mal in den mittleren Kreisring.)

    $A_{Kreisring\ groß}$ = 113,1 cm² − 28,3 cm² ≈ 84,8 cm²

    84,8 cm² : 3,14 cm² ≈ 27 (Der kleine Kreis passt 27-mal in den großen Kreisring.)

2. $A_{Tortenstück}$ = 113,1 cm² : 8 ≈ 14,14 cm²

3. $A_{\triangle klein}$ = $\frac{1}{8}$ · $A_{\bigcirc klein}$ = 0,39 cm²

    $A_{\triangle mittel}$ = $\frac{1}{8}$ · $A_{Kreisring\ mittel}$ = 3,14 cm²

    $A_{\triangle groß}$ = $\frac{1}{8}$ · $A_{Kreisring\ groß}$ = $\frac{1}{8}$ · 84,8 cm² = 10,6 cm²

4. siehe Zeichnung

20 Kreisring und Kreis

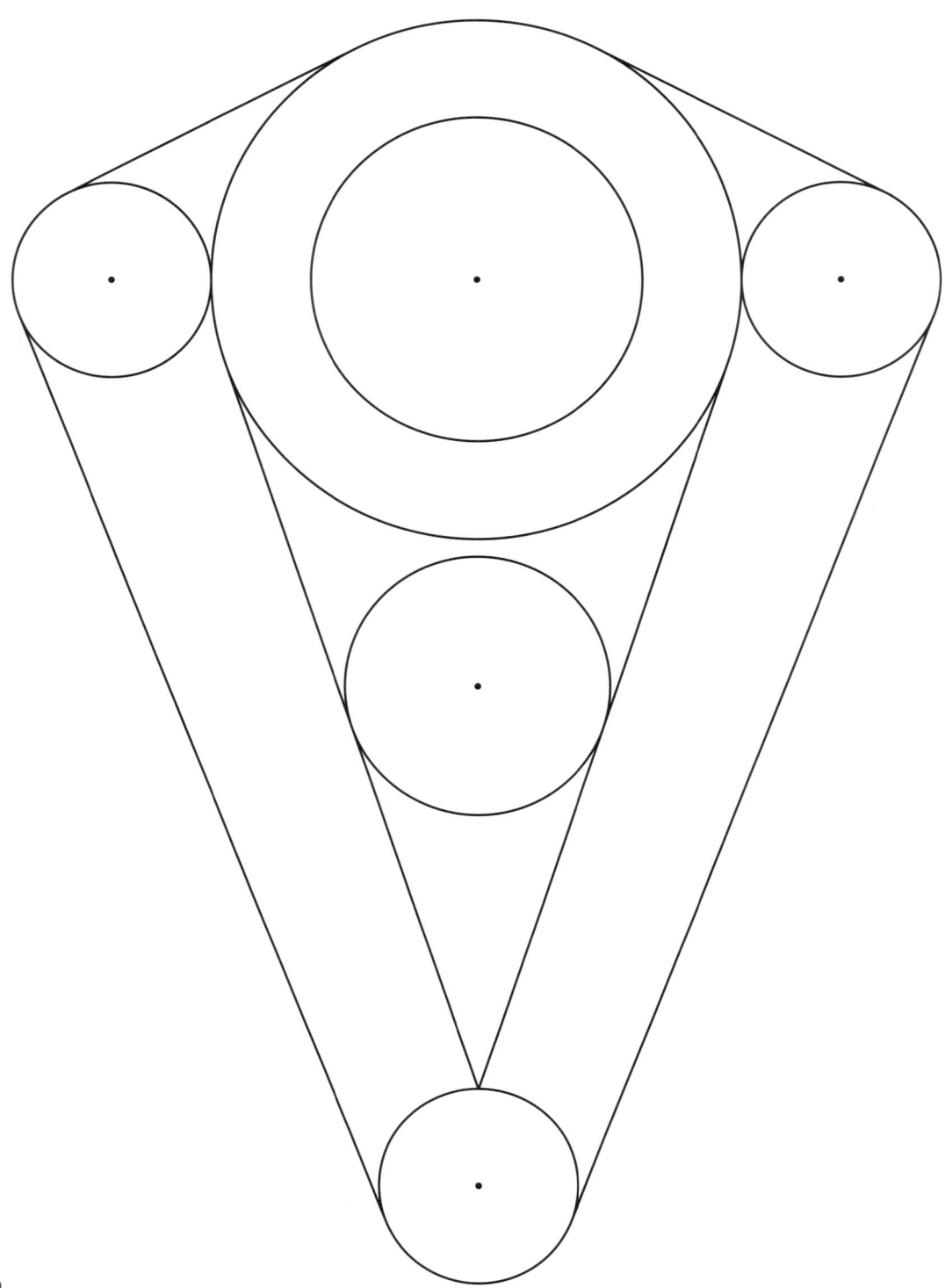

Aufgaben

1. Berechne den Flächeninhalt des Kreisringes. Miss die benötigten Längen aus.

2. Verbinde alle Kreismittelpunkte miteinander.

3. Zeichne einen Kreisbogen ein, der nur den obersten und den untersten Kreis berührt und beide Kreise dabei einschließt.

4. Male die Fläche nach Belieben symmetrisch aus.

20 Lösung

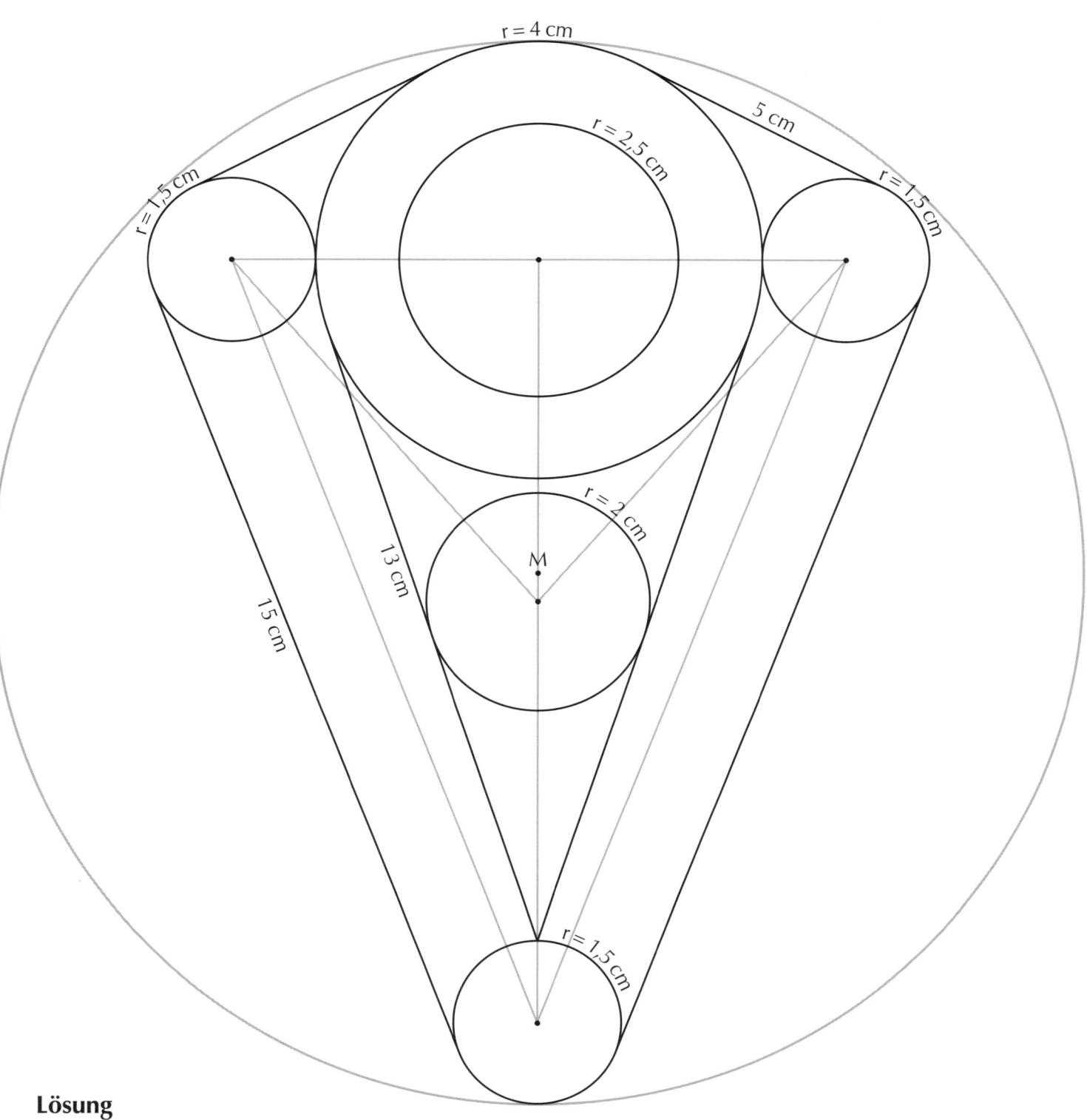

(Zeichnung mit Maßen: r = 4 cm, r = 2,5 cm, r = 2 cm, r = 1,5 cm; Strecken 5 cm, 13 cm, 15 cm)

Lösung

1. $A_{\text{Kreisring}} = A_{\text{Kreis groß}} - A_{\text{Kreis klein}} = \pi\,(4\text{ cm})^2 - \pi\,(2{,}5\text{ cm})^2$
   $\approx 50{,}27\text{ cm}^2 - 19{,}63\text{ cm}^2$
   $\approx 30{,}64\text{ cm}^2$

2. siehe Zeichnung

3. siehe Zeichnung

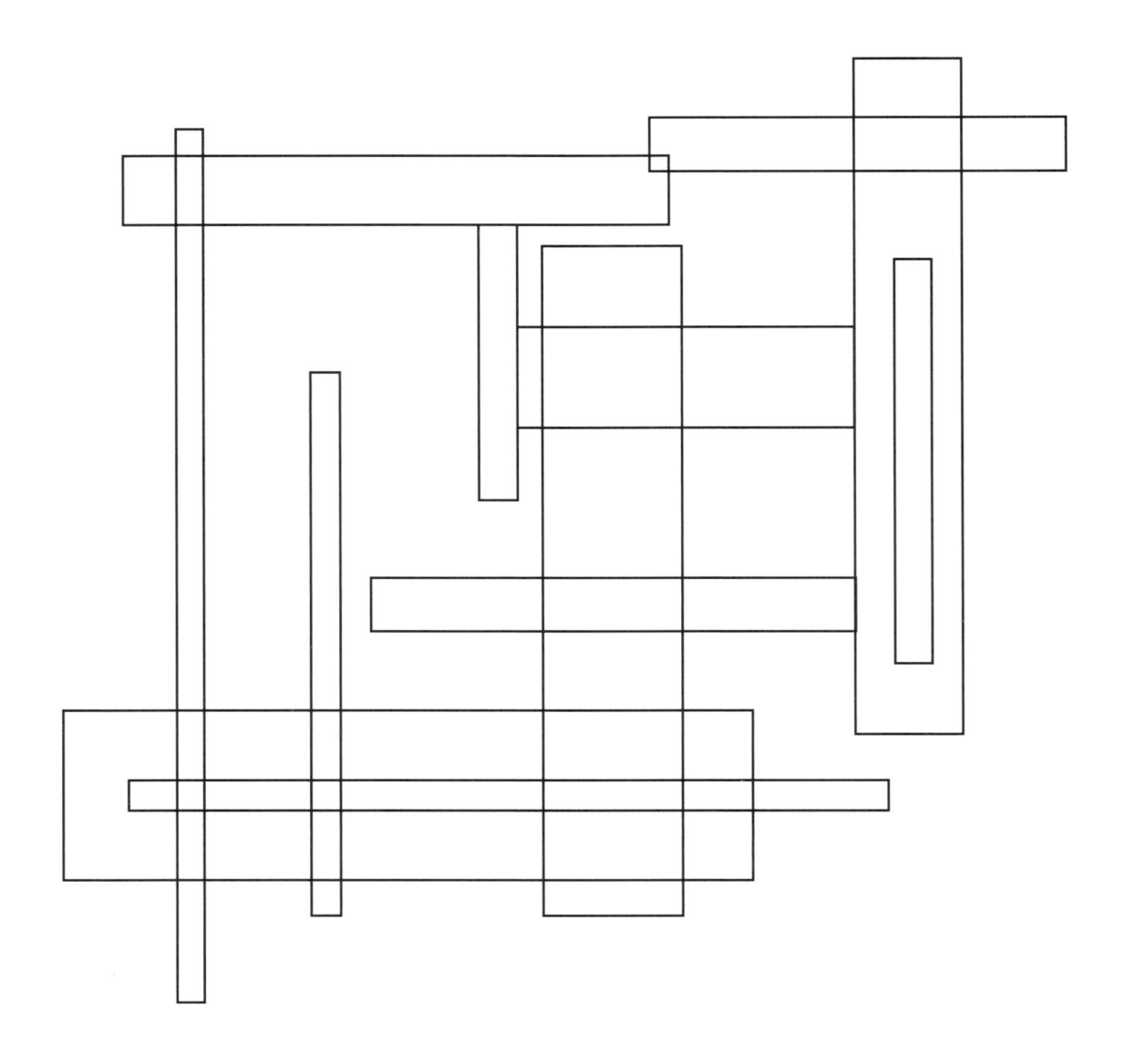

21 *Sich überschneidende Rechtecke im Kreis*   Name: Klasse:

Aufgaben

1. Färbe alle vertikalen Streifen gelb, die horizontalen blau und die Teile, die sich überschneiden, rot. Flächen, die voll innerhalb einer anderen liegen, werden nicht gesondert berücksichtigt.

2. Finde den Mittelpunkt des Kreises, der soeben die gesamte Figur umschließt. Gib den Radius an.

3. Erweitere die Zeichnung nach Belieben.

21 Lösung

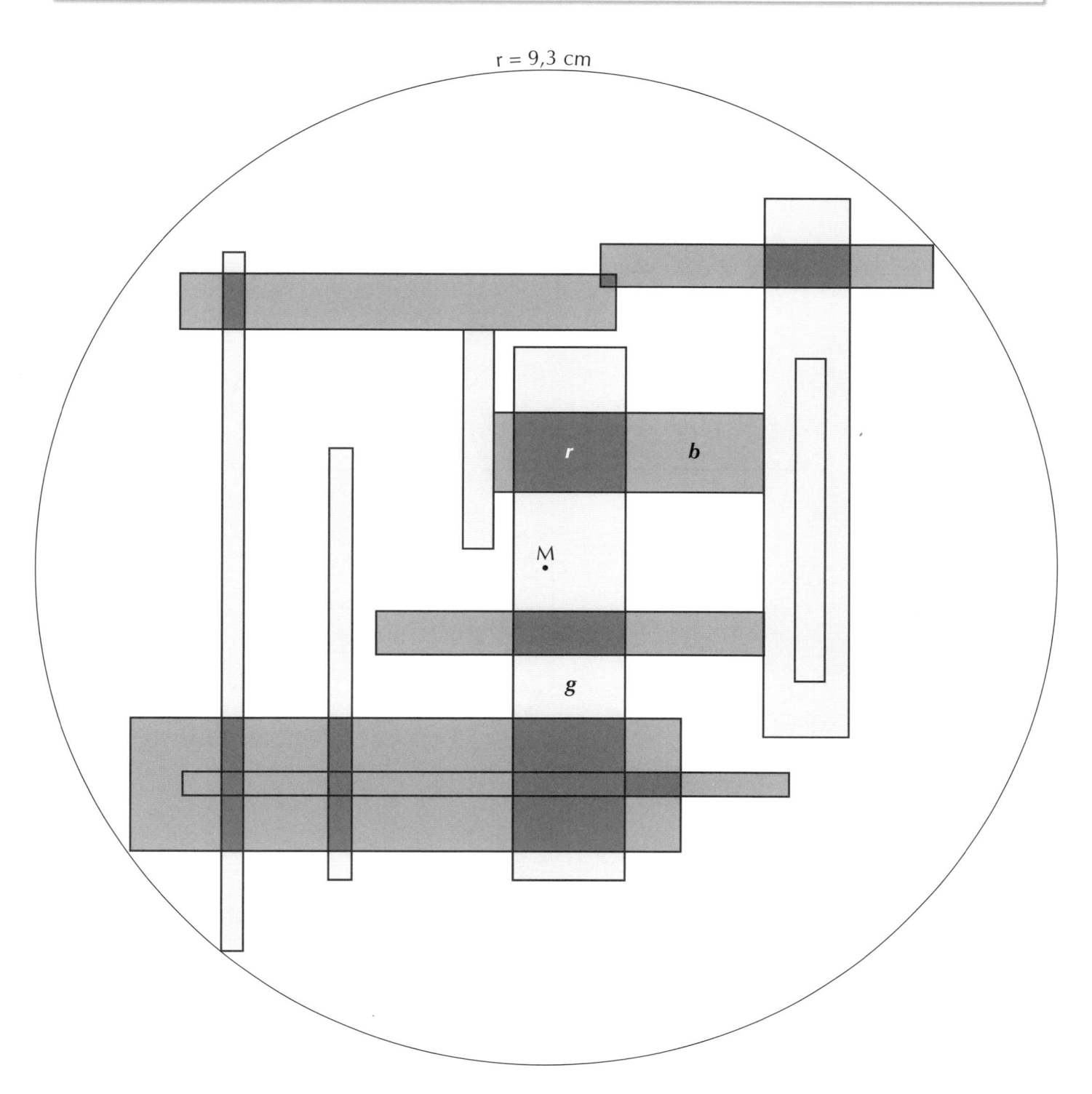

r = 9,3 cm

Lösung

1. siehe Zeichnung

2. r = 9,3 cm

   Wie erhalte ich den Mittelpunkt?
   Konstruktion eines Quadrats, das die äußersten Ecken einschließt.
   Der Schnittpunkt der Diagonalen des Quadrats bildet den Mittelpunkt des Kreises.

22 Das Gebirge

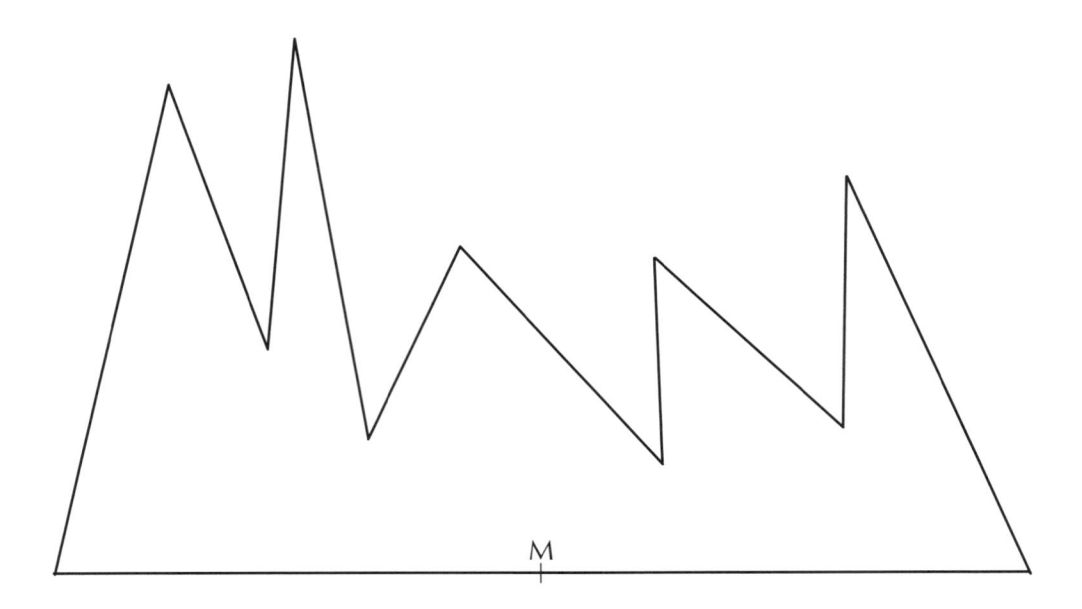

Aufgaben

1. Spiegle das „Gebirge" an M.

2. Lege um die Gesamtfläche das kleinstmögliche Rechteck und berechne dessen Flächeninhalt.

3. Verbinde die gegenüberliegenden „Innenzacken" miteinander. Male die entstehenden Felder nach Belieben farbig aus.

22 Lösung

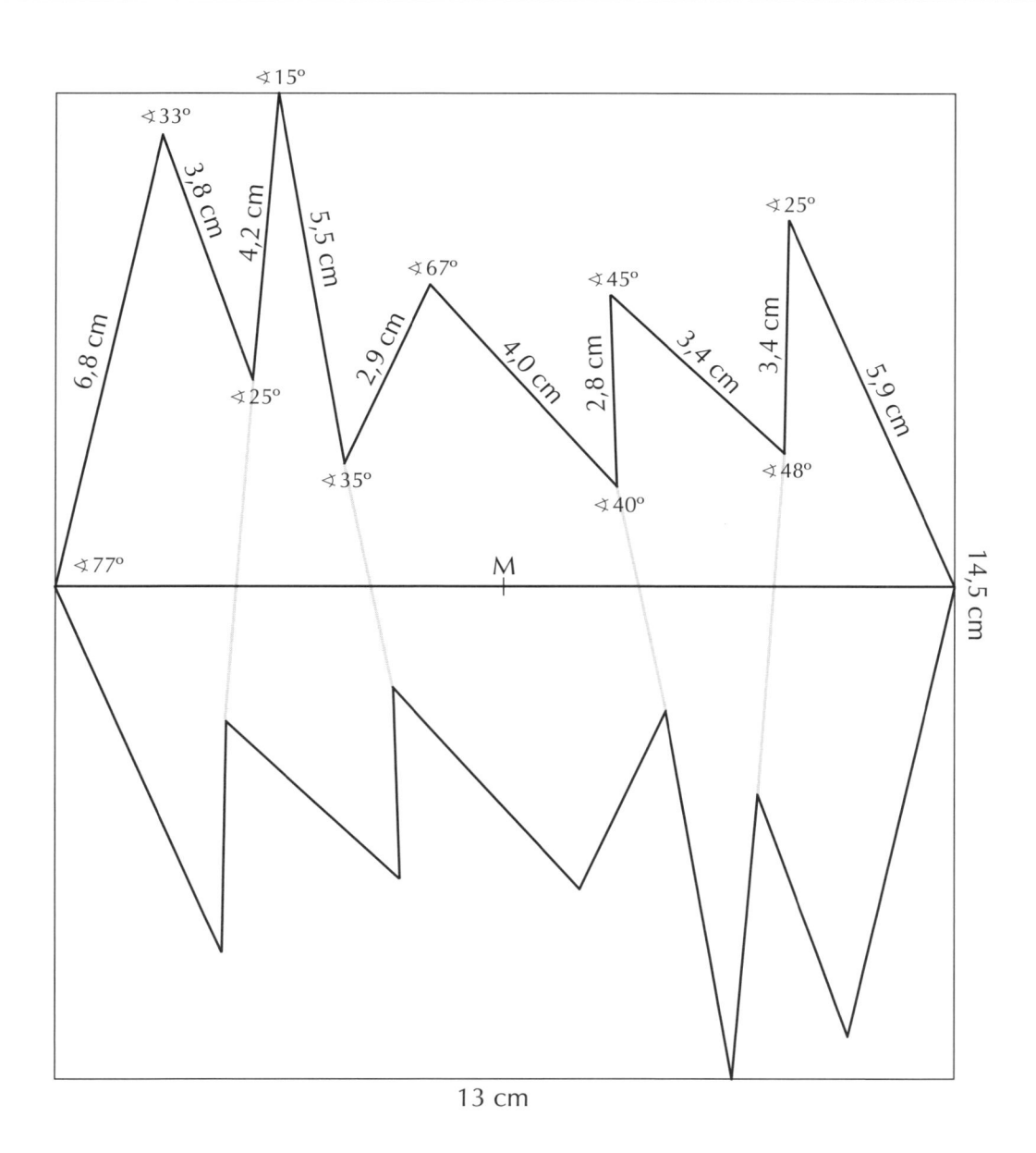

Lösung

1. siehe Zeichnung

2. A = 13 cm · 14,5 cm ≈ 188,5 cm²

3. siehe Zeichnung

23 Teilkreisflächen

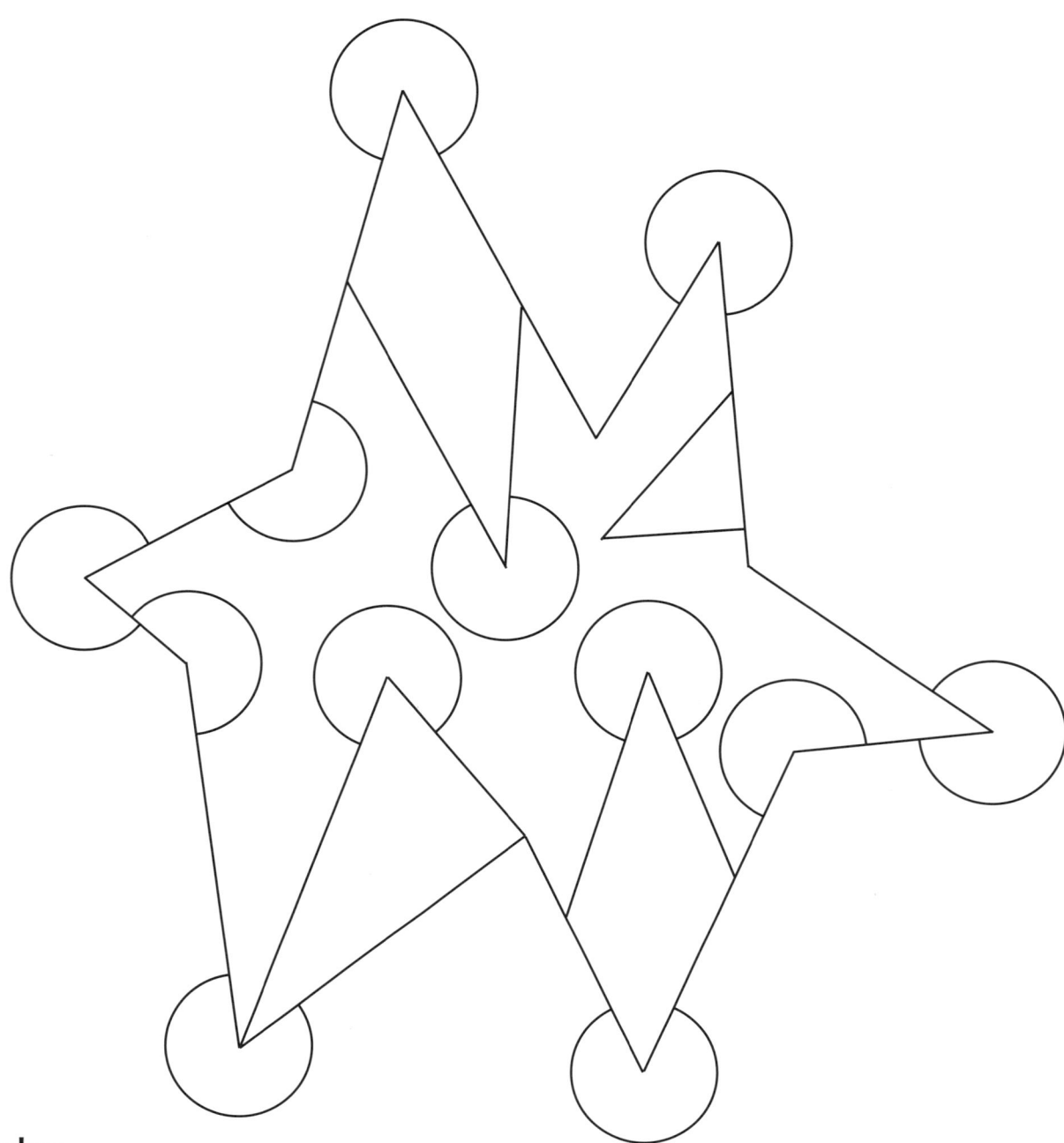

Aufgaben

1. Berechne die Summe aller außen liegenden Teilkreisflächen.

2. Male die Figur so aus, dass alle inneren Teilkreise rot, alle äußeren Kreise blau, die innen liegenden Dreiecke hellgrün, die innen liegenden Vierecke dunkelgrün und die übrige Fläche gefärbt werden.

23 Lösung

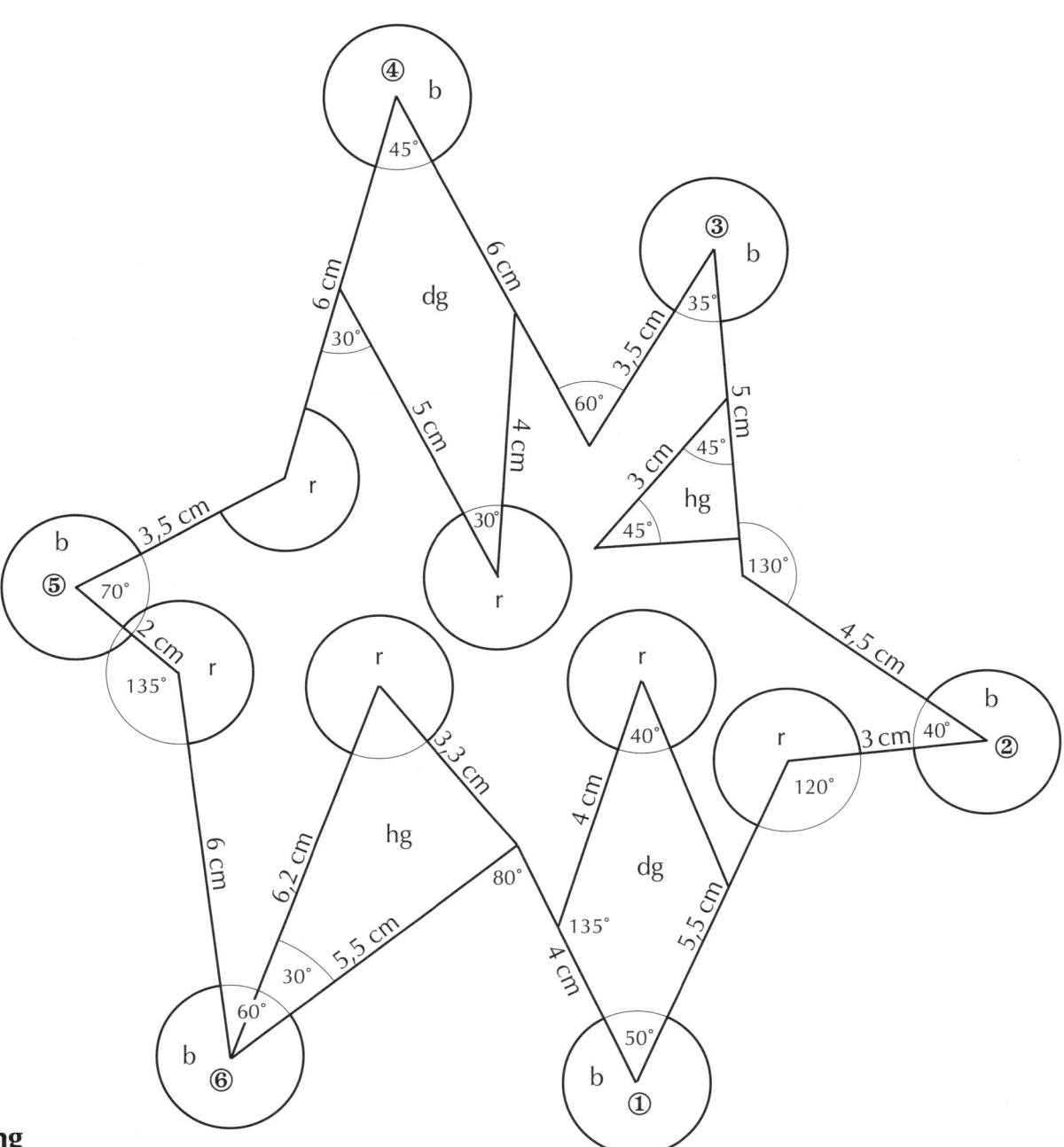

Lösung

1. $A_{K1} = \pi \cdot (1 \text{ cm})^2 \cdot \dfrac{310°}{360°} \approx 2{,}71 \text{ cm}^2$

   $A_{K2} = \pi \cdot (1 \text{ cm})^2 \cdot \dfrac{320°}{360°} \approx 2{,}79 \text{ cm}^2$

   $A_{K3} = \pi \cdot (1 \text{ cm})^2 \cdot \dfrac{325°}{360°} \approx 2{,}84 \text{ cm}^2$

   $A_{K4} = \pi \cdot (1 \text{ cm})^2 \cdot \dfrac{315°}{360°} \approx 2{,}75 \text{ cm}^2$

   $A_{K5} = \pi \cdot (1 \text{ cm})^2 \cdot \dfrac{290°}{360°} \approx 2{,}53 \text{ cm}^2$

   $A_{K6} = \pi \cdot (1 \text{ cm})^2 \cdot \dfrac{300°}{360°} \approx 2{,}62 \text{ cm}^2$

   $A_{\text{„blaue Teilkreisflächen"}} \approx 16{,}24 \text{ cm}^2$

2. siehe Zeichnung

24 Dreiecksflächen im Kreis

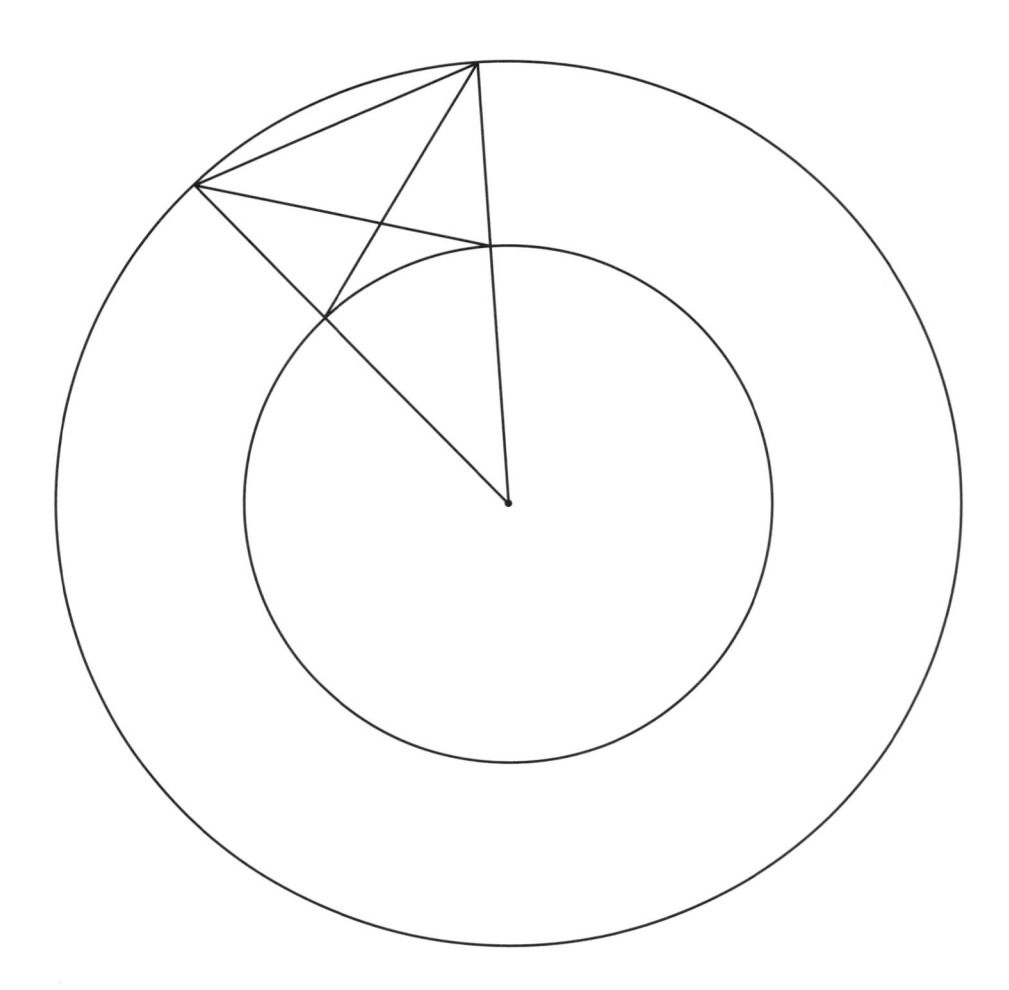

Aufgaben

1. Zeichne die Dreiecksfläche mit den vorgegebenen Innenlinien so oft wie möglich in den Kreis ein. Alle Dreiecksflächen sollen ohne Zwischenräume direkt nebeneinander liegen.

2. Was musst du unbedingt ausmessen, um weitere gleich große Dreiecke zu erhalten?

3. Wie viele dieser Flächen passen genau in den Kreis?

4. Male die Felder nach Belieben farbig aus.

24 Lösung

Mittelpunkts-
winkelgröße:
40°

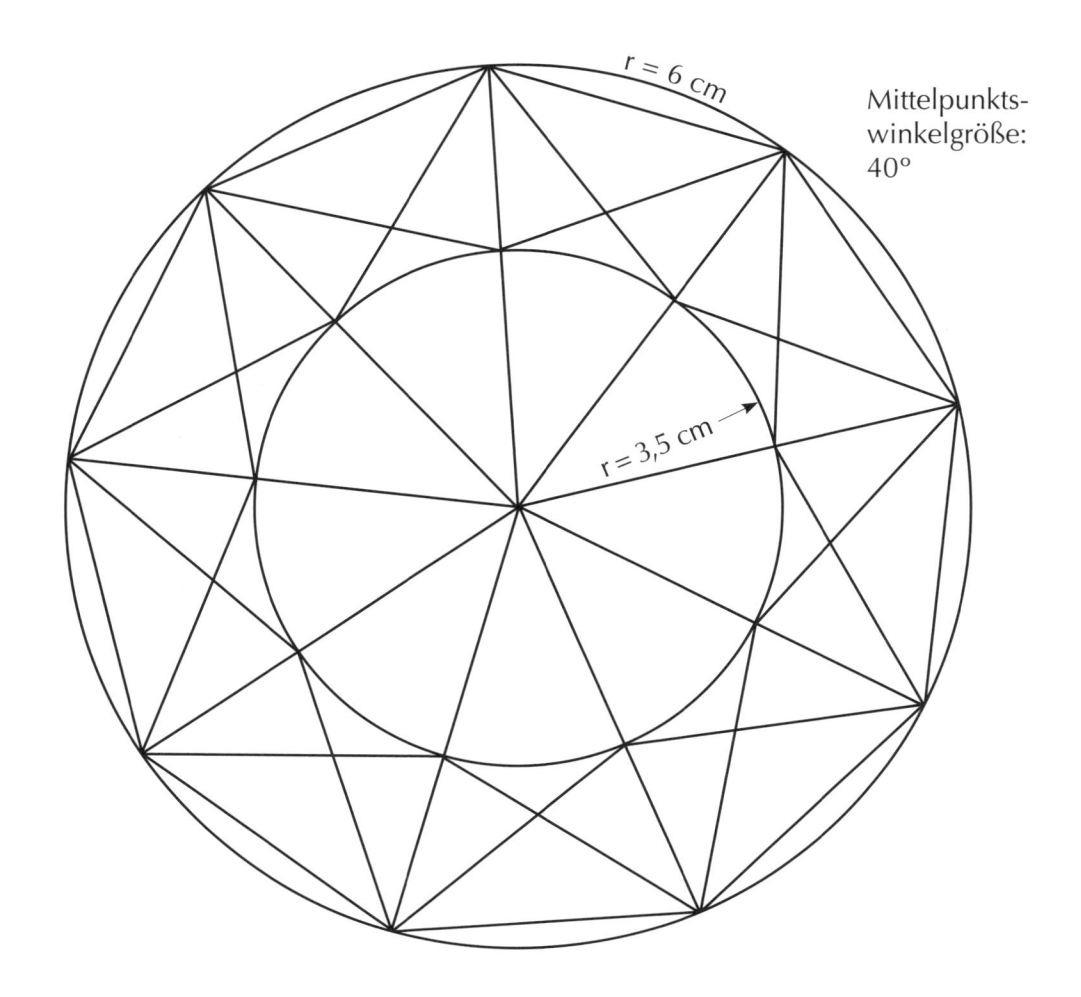

r = 6 cm

r = 3,5 cm

Lösung

1. siehe Zeichnung

2. den Mittelpunktswinkel

3. 9

25 Dreiecke und Kreise

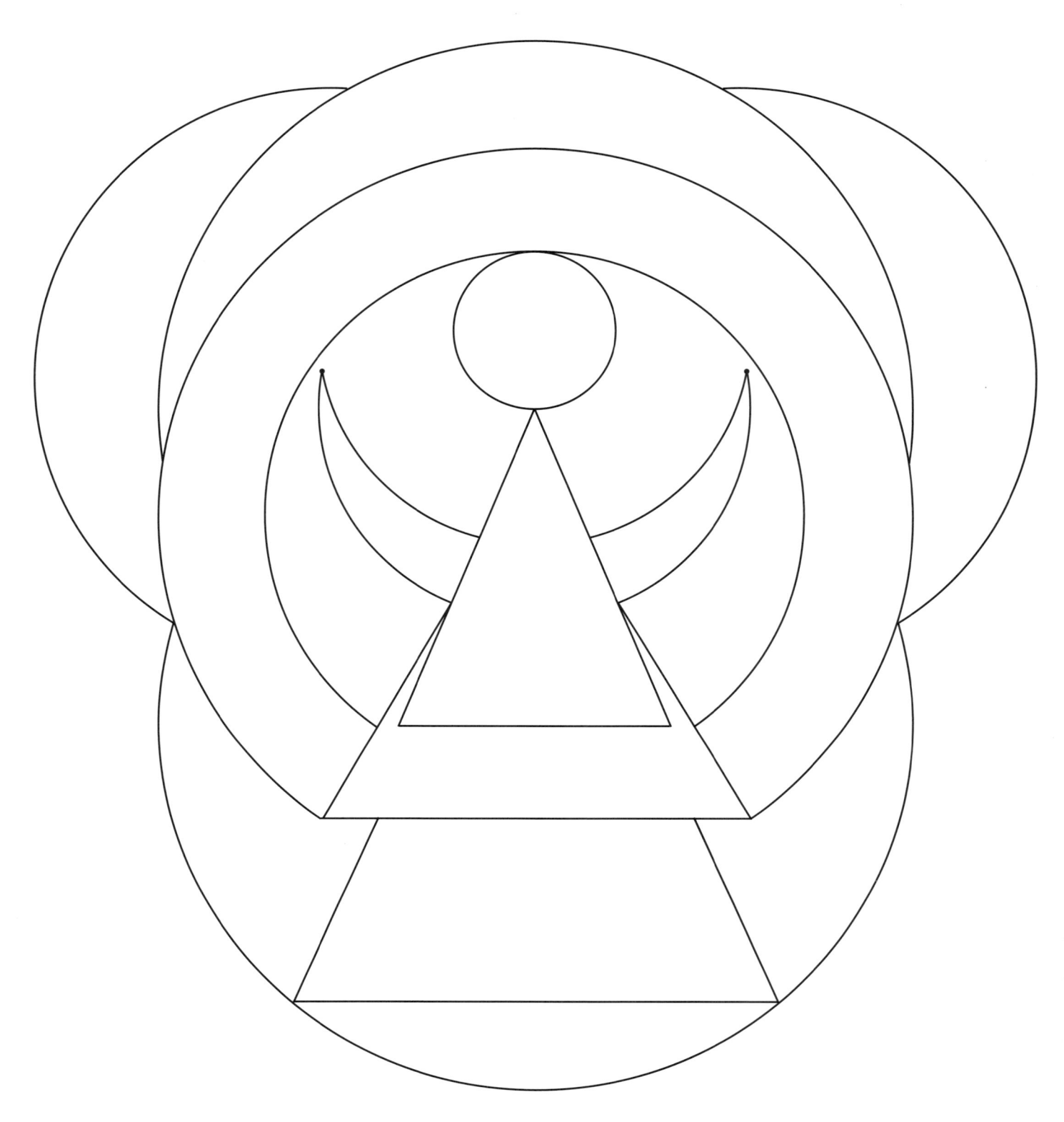

Aufgabe

Arbeite mit einem Partner zusammen. Stellt euch gegenseitig eine Aufgabe zu diesem Mandala.

25 *Lösung*

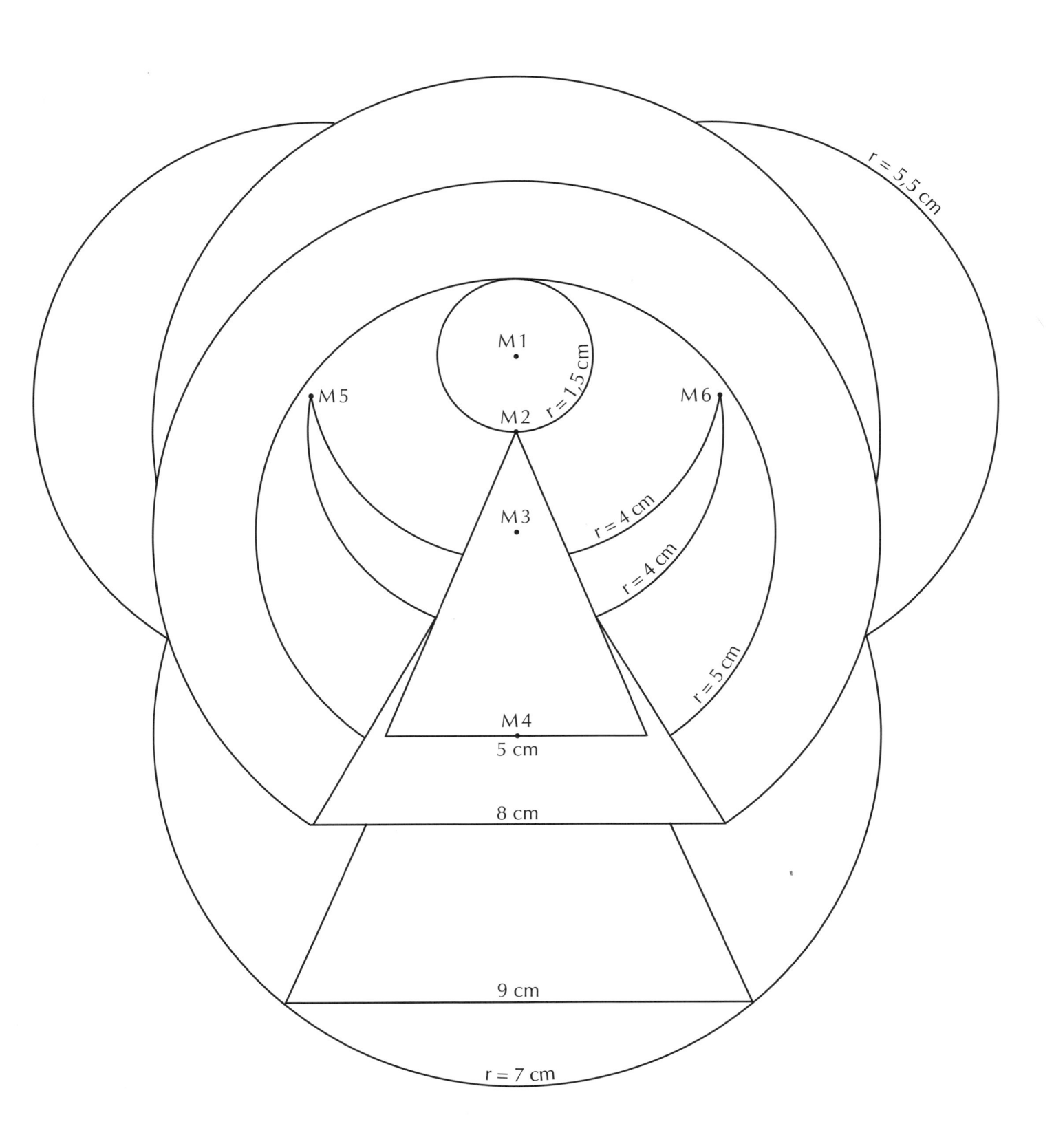

r = 5,5 cm

M1
r = 1,5 cm
M2
M5
M6
M3
r = 4 cm
r = 4 cm
r = 5 cm
M4
5 cm
8 cm
9 cm
r = 7 cm

26 Ein besonderes Viereck

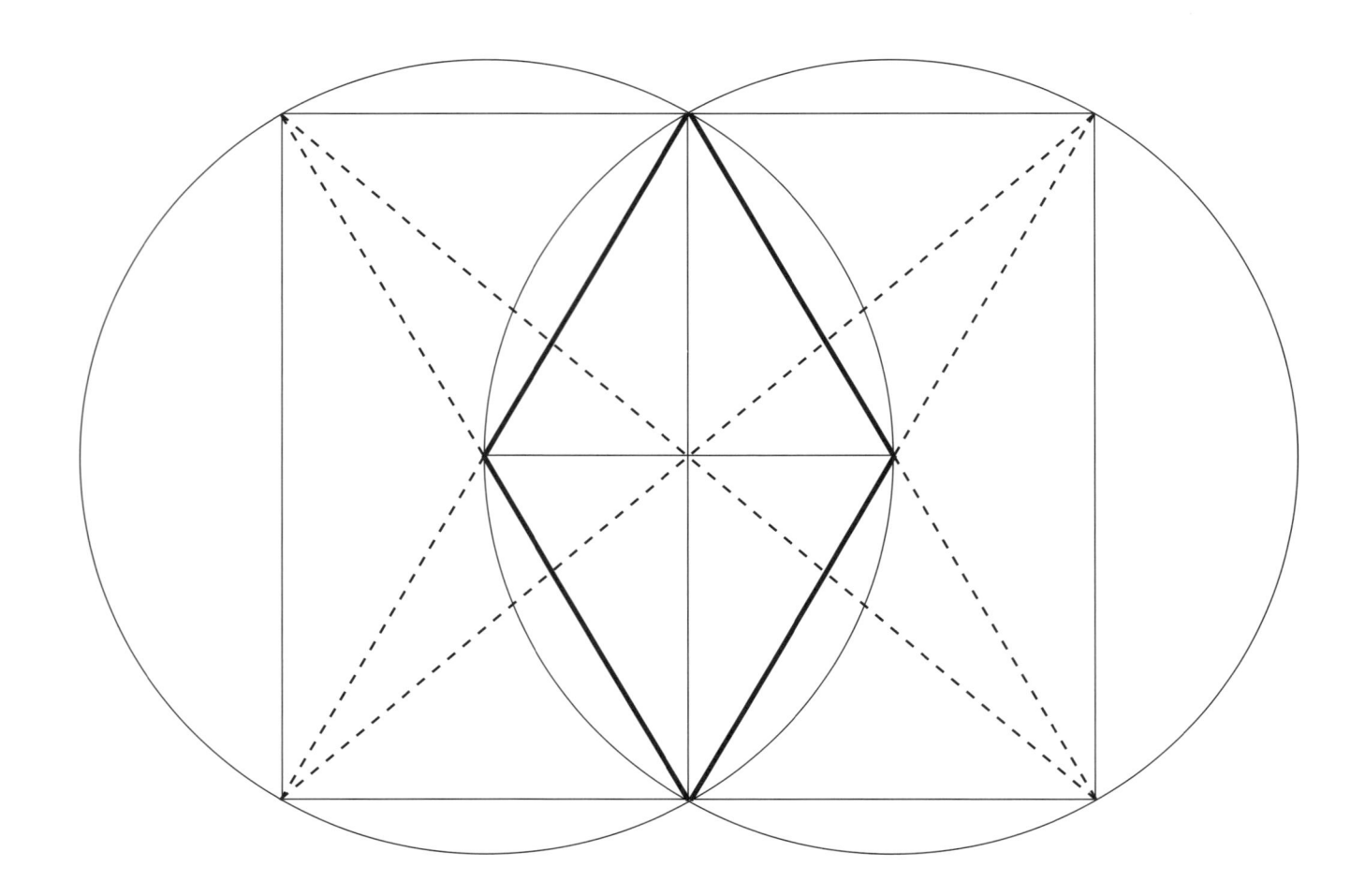

Aufgaben

1. Berechne den Flächeninhalt der fett umrandeten Fläche.

2. Diese Fläche ist eine _____.

3. Berechne den Flächeninhalt der ganzen gestrichelt umrandeten Fläche und vergleiche mit 1.

4. Färbe die gestrichelten Flächen mit zwei Farben so ein, dass die Einfärbung punktsymmetrisch zum Mittelpunkt des Mandalas wird.

5. Färbe weitere Flächen mit Farben deiner Wahl so ein, dass weiterhin die Punktsymmetrie zum Ausdruck kommt.

26 Lösung

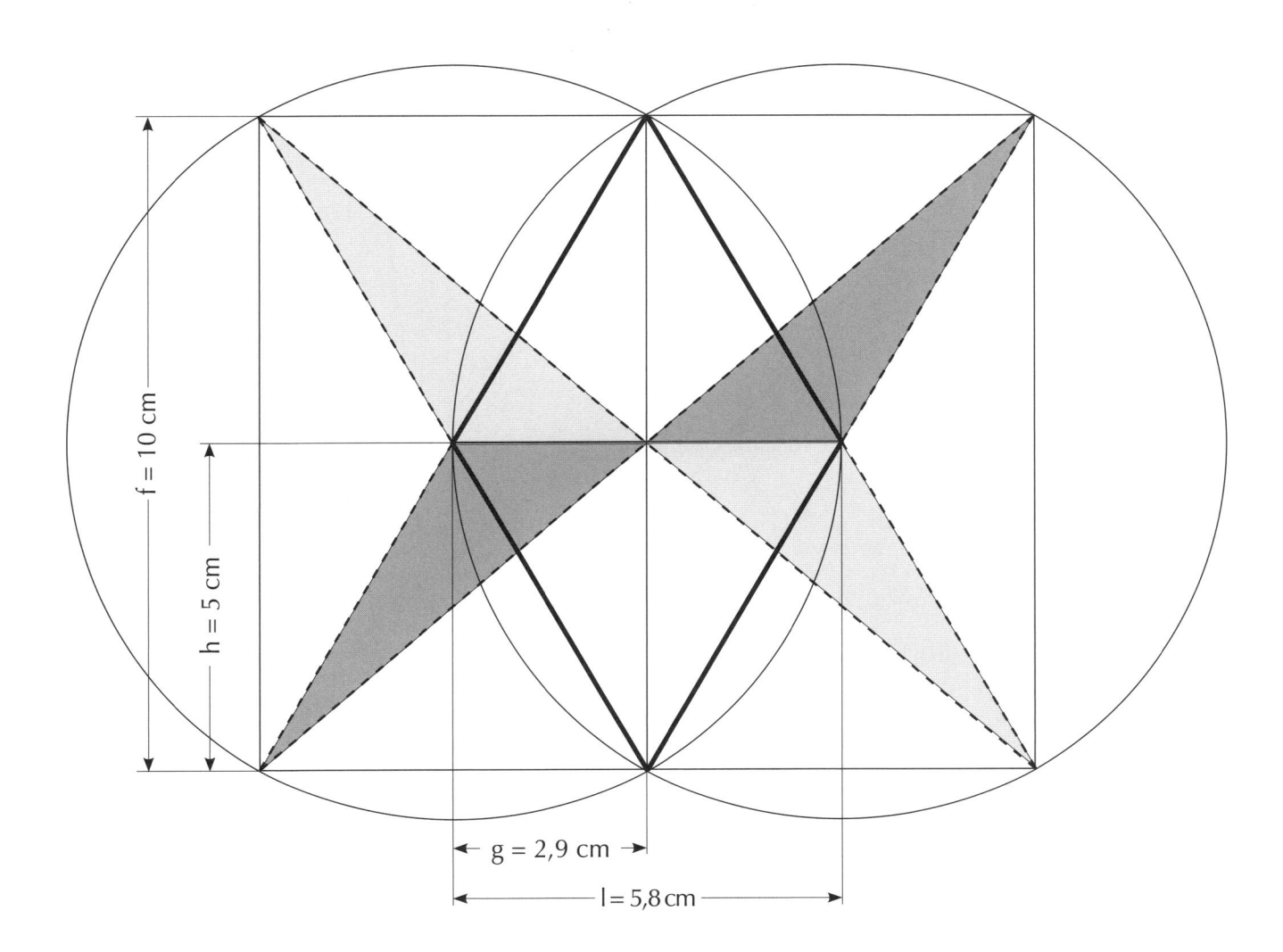

f = 10 cm
h = 5 cm
g = 2,9 cm
l = 5,8 cm

Lösung

1. $A_\Diamond = \dfrac{l \cdot f}{2} = \dfrac{5{,}8\,\text{cm} \cdot 10\,\text{cm}}{2} = 29\,\text{cm}^2$

2. Raute

3. Die gestrichelt umrandete Fläche besteht aus vier gleich großen Dreiecken mit g = 2,85 cm und h = 5 cm.

   $A = 4 \cdot \dfrac{2{,}9\,\text{cm} \cdot 5\,\text{cm}}{2} = 29\,\text{cm}^2$

   Die gestrichelt umrandete Fläche ist so groß wie die Raute.

4. siehe Zeichnung

27 *Vierecke und Dreiecke*

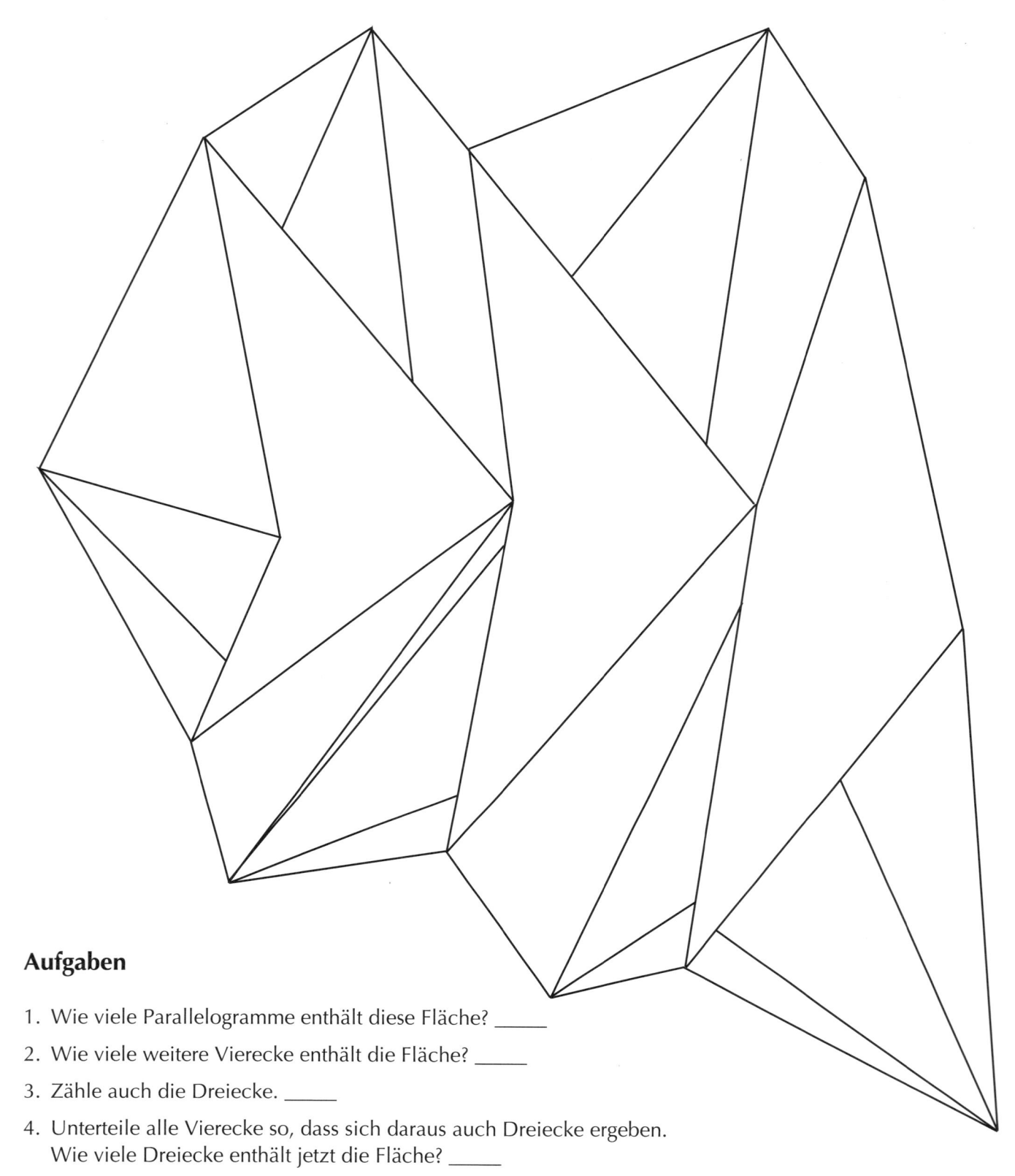

Aufgaben

1. Wie viele Parallelogramme enthält diese Fläche? _____
2. Wie viele weitere Vierecke enthält die Fläche? _____
3. Zähle auch die Dreiecke. _____
4. Unterteile alle Vierecke so, dass sich daraus auch Dreiecke ergeben. Wie viele Dreiecke enthält jetzt die Fläche? _____
5. Füge weitere Dreiecke hinzu, indem du die Außenecken der Figur miteinander verbindest.
6. Färbe alle äußeren Dreiecke grün ein.
7. Färbe die Dreiecke, die nicht mit der Außenkante der Figur in Berührung kommen, rot.
8. Wähle für die übrigen Dreiecke drei Farben, die du so verteilst, dass nie zwei gleichfarbige Dreiecke ganz oder teilweise nebeneinander liegen.
9. Miss den Umfang der ursprünglichen Gesamtfigur.

27 *Lösung* Name: Klasse:

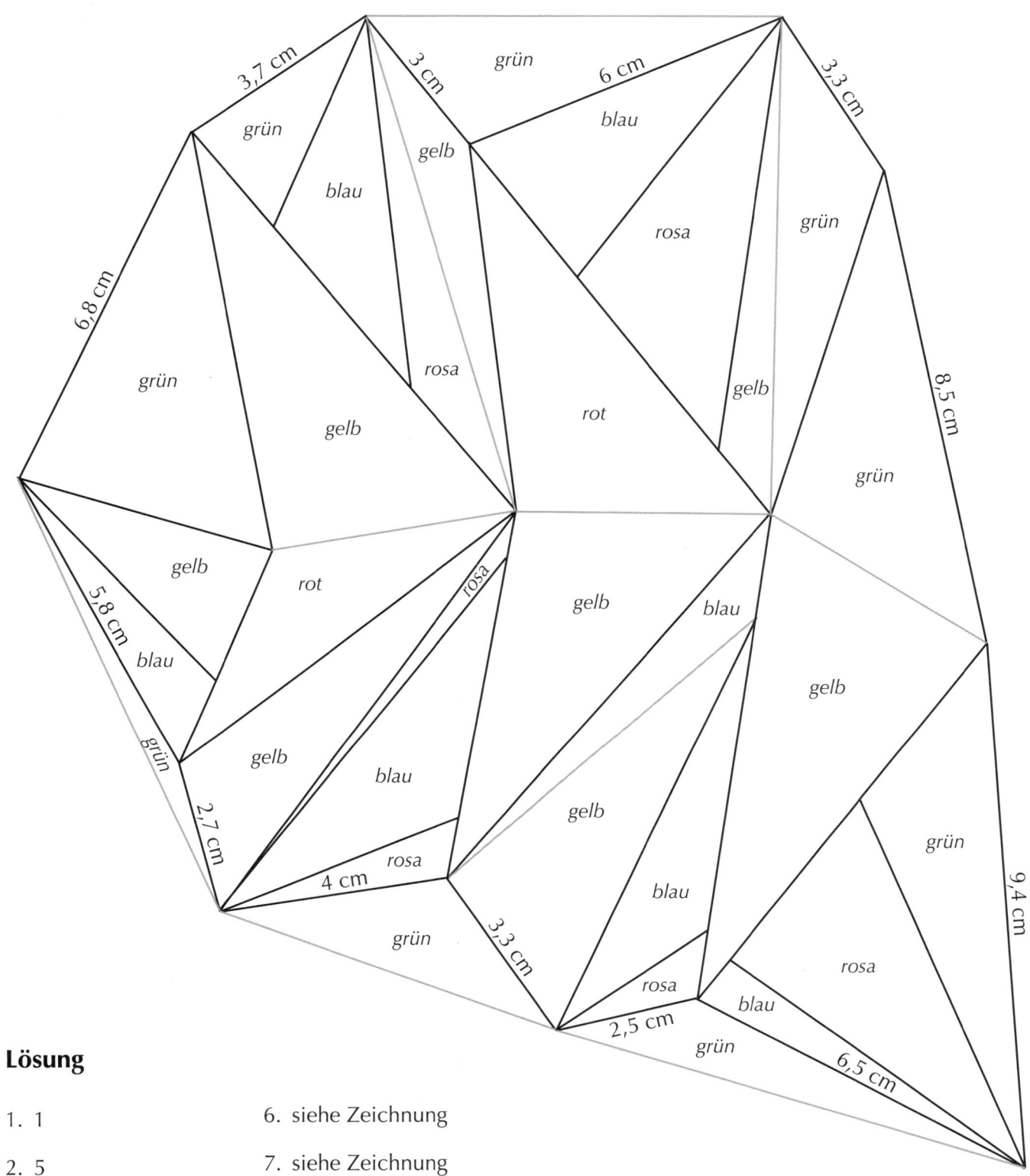

Lösung

1. 1
2. 5
3. 16
4. 16 + 6 · 2 = 28
5. siehe Zeichnung
6. siehe Zeichnung
7. siehe Zeichnung
8. siehe Zeichnung
9. 65,5 cm

28 Netze von Kreiszylindern

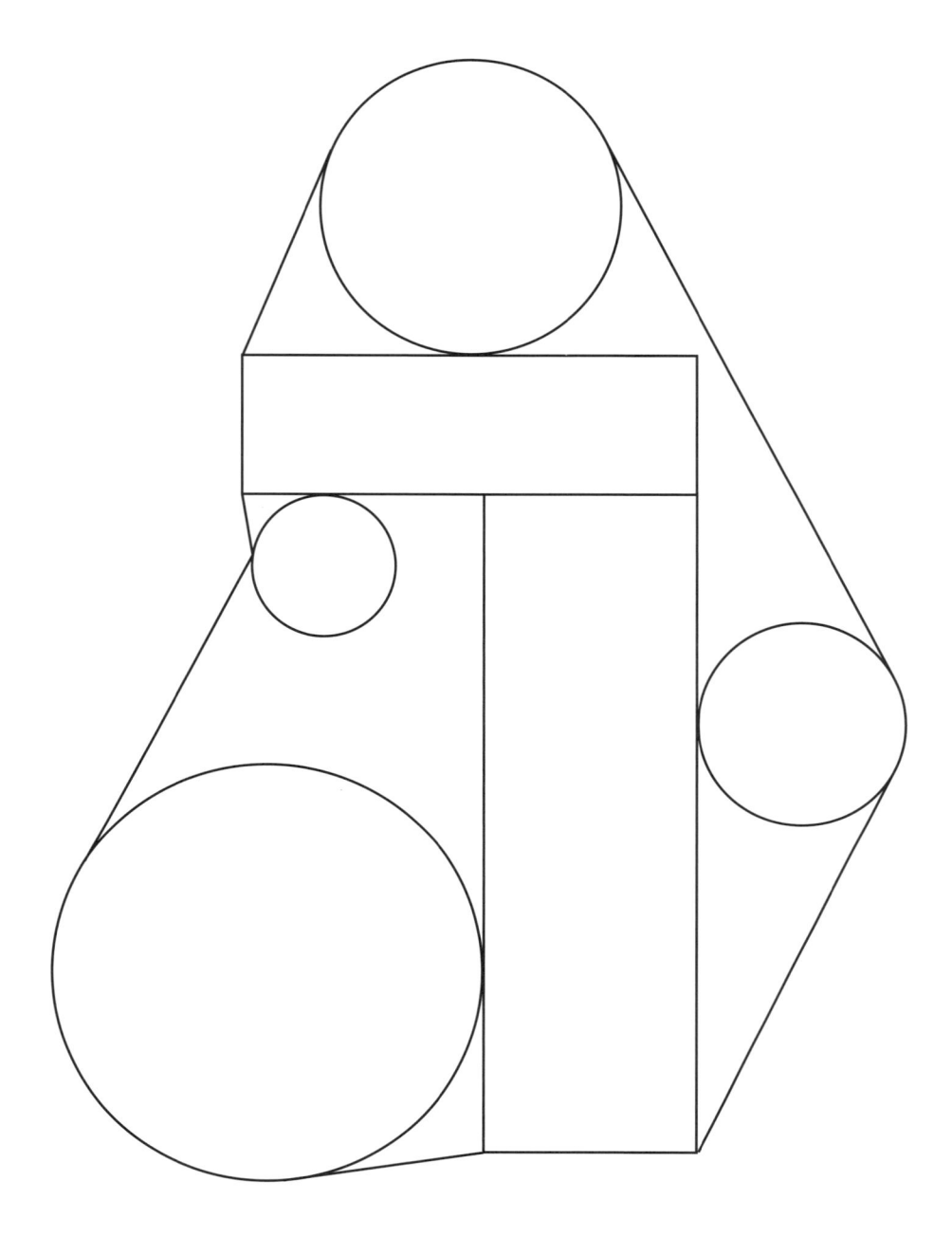

Aufgaben

1. Diese Aufgabe hat mit Netzen von Kreiszylindern zu tun, die oben oder unten offen sind.
   Finde richtige und sinnvolle Zeichnungen. Färbe die Flächen, die zusammengehören, in gleichen Farben ein.

2. Zeichne zu den Kreisen, die du nicht bereits als Grund- oder Deckfläche eines Kreiszylinders eingefärbt hast, einen passenden Zylindermantel von 2 cm Höhe.
   Die Zylindermäntel dürfen sich berühren, aber nicht schneiden.

3. Lege um die Gesamtfigur das kleinstmögliche Rechteck.

28 Lösung

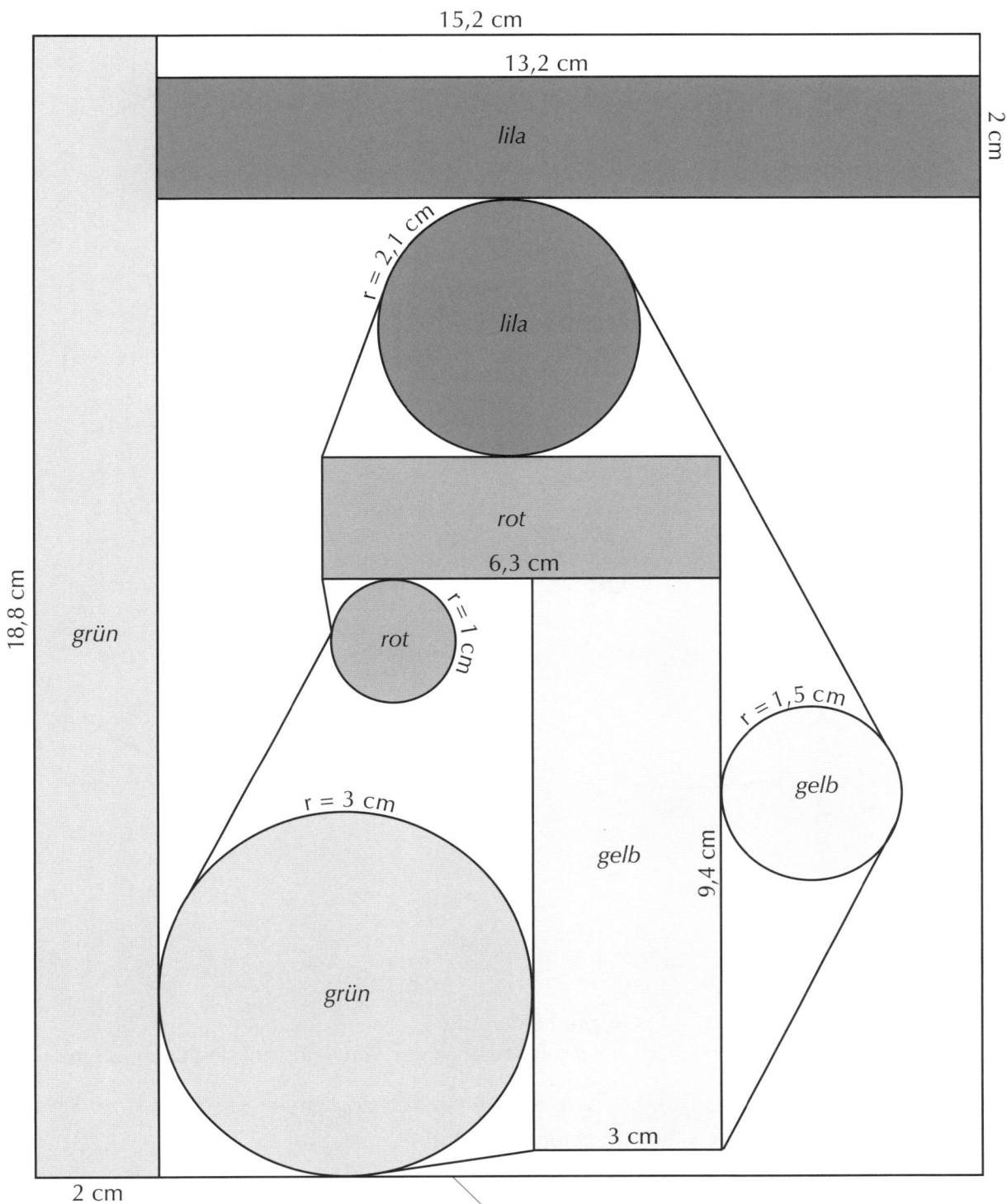

15,2 cm
13,2 cm
lila
2 cm

r = 2,1 cm
lila

18,8 cm
grün

rot
6,3 cm

r = 1 cm
rot

r = 1,5 cm
gelb

r = 3 cm

gelb
9,4 cm

grün

2 cm
3 cm

Für das Rechteck gibt es mehrere Möglichkeiten.

Lösung

1. siehe Zeichnung ; $u_{rot} = 2 \cdot \pi \cdot 1$ cm $\approx 6{,}3$ cm ; $u_{gelb} = 2 \cdot \pi \cdot 1{,}5$ cm $\approx 9{,}4$ cm

2. siehe Zeichnung

3. siehe Zeichnung

29 Kreise und Halbkreise 2

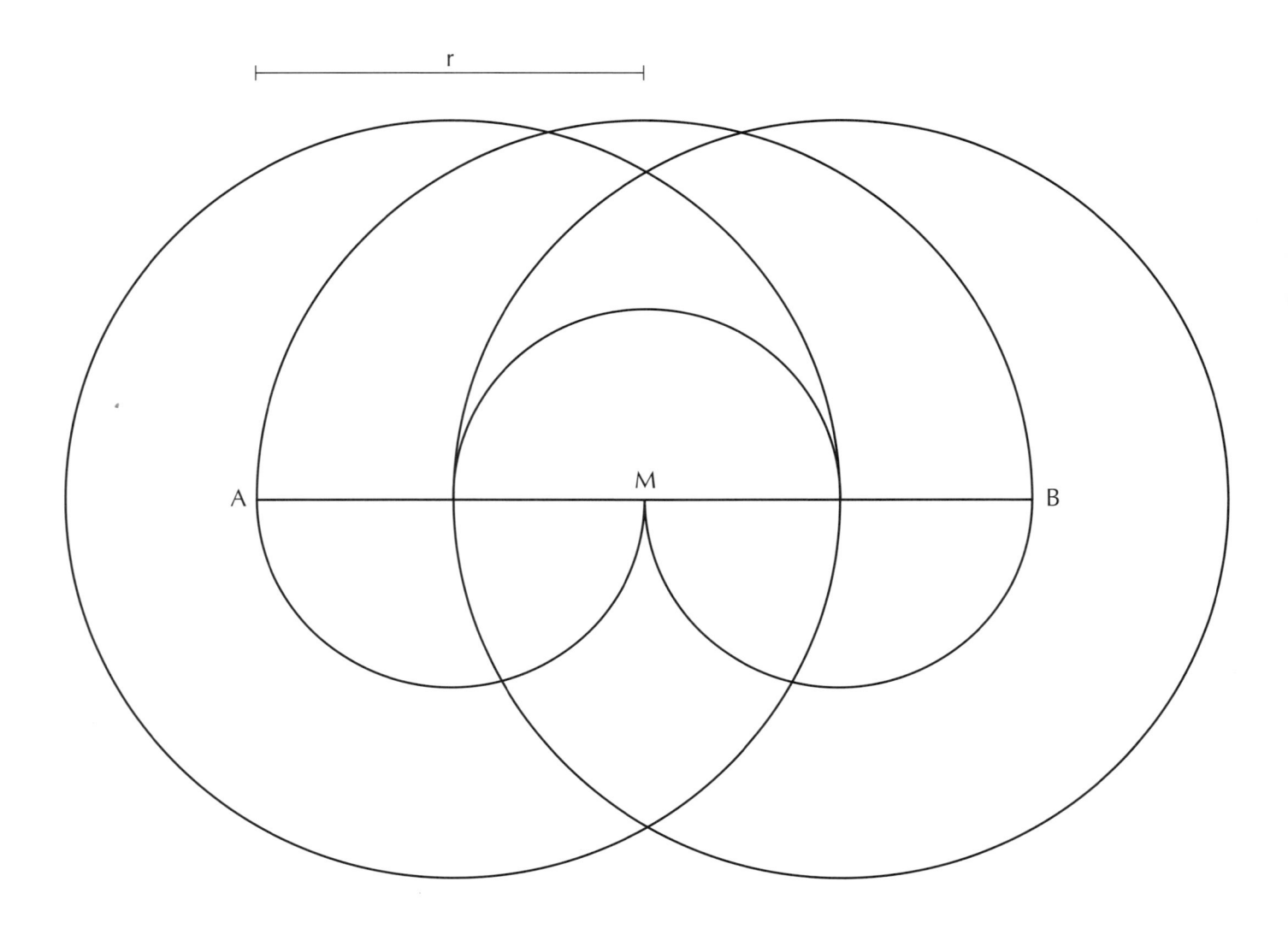

Aufgaben

1. Beschreibe, wie dieses Mandala (Gebilde) entstanden ist.
   Verwende bei der Beschreibung keine konkreten Maßangaben; verwende nur den Buchstaben r (= Radius).

2. Male die Flächen so aus, dass eine Achsensymmetrie entsteht bezüglich der Senkrechten zur Strecke der Länge 2 r durch den Punkt M. Zeichne die Symmetrieachse ein.

29 Lösung

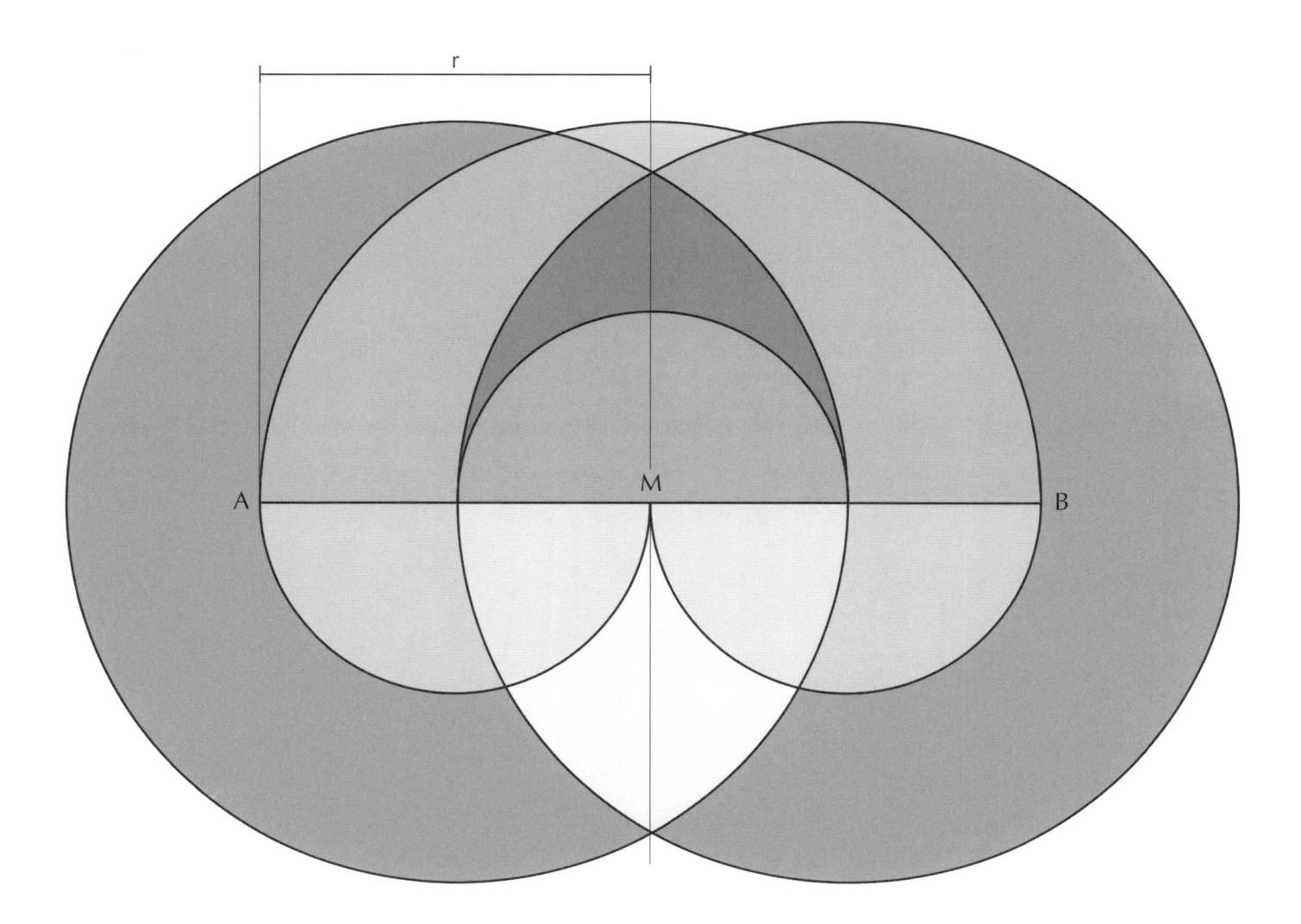

Lösung

1. Das Mandala besteht aus zwei Kreisen um die Mittelpunkte von $\overline{AM}$ und $\overline{MB}$ mit dem Radius r und einem (oberhalb von $\overline{AB}$ gelegenen) Halbkreis um M mit dem Radius r.
   Hinzu kommt ein (oberhalb von $\overline{AB}$ gelegener) Halbkreis um M mit dem Radius $\frac{r}{2}$.
   Schließlich gehören zur Figur noch zwei (unterhalb von $\overline{AB}$ gelegene) Halbkreise mit dem Radius $\frac{r}{2}$, deren Mittelpunkte die Mitte von $\overline{AM}$ bzw. die Mitte von $\overline{MB}$ sind.

2. siehe Zeichnung

30 Der Fisch

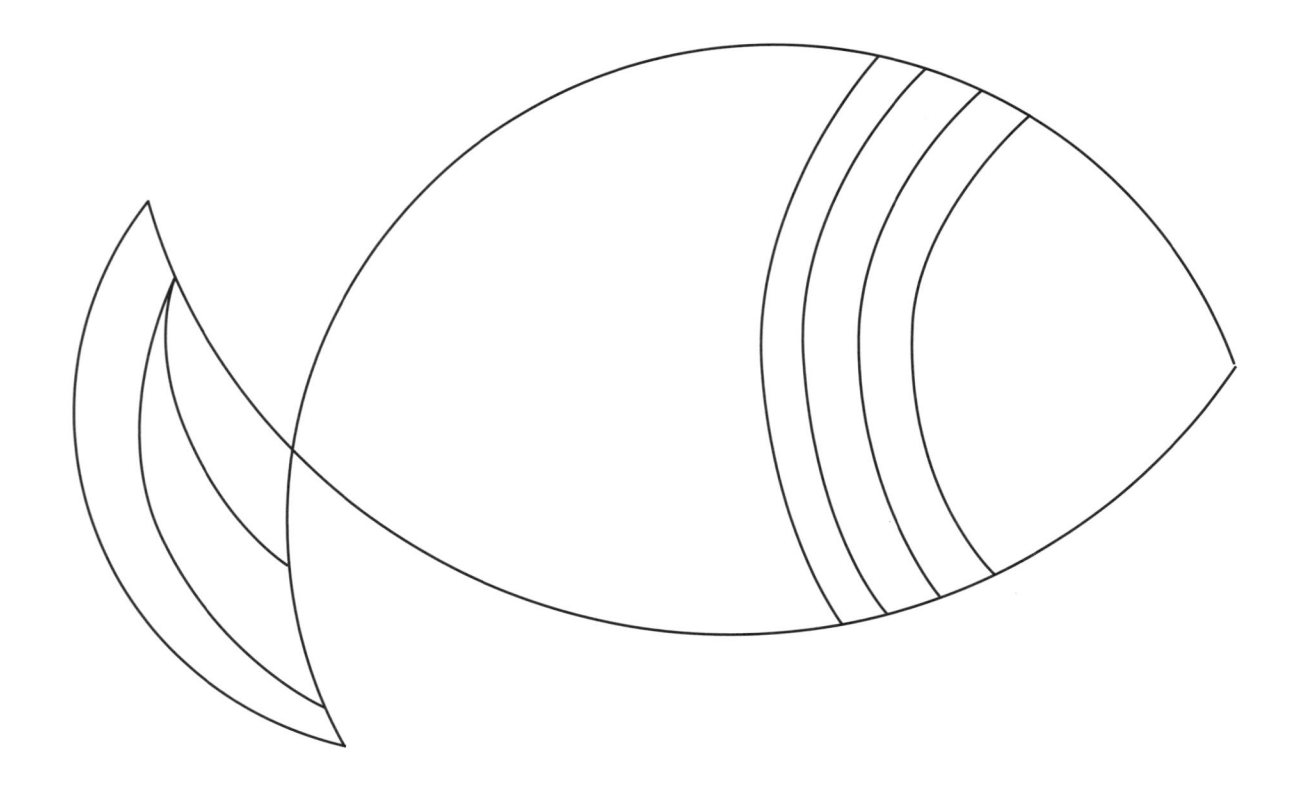

Aufgaben

1. Zeichne drei Kreisbögen mit demselben Radius, aber unterschiedlichem Mittelpunkt ein; alle Kreisbögen sollen die Schwanzflosse und die Maulspitze berühren.

2. Vervollständige den Fisch durch Flossen am Körper, durch Auge und Schuppen. Benutze nur den Zirkel. Färbe den Fisch bunt ein.

3. Welchen Durchmesser haben die Kreisbögen um den Fisch herum?

30 *Lösung*   Name: Klasse:

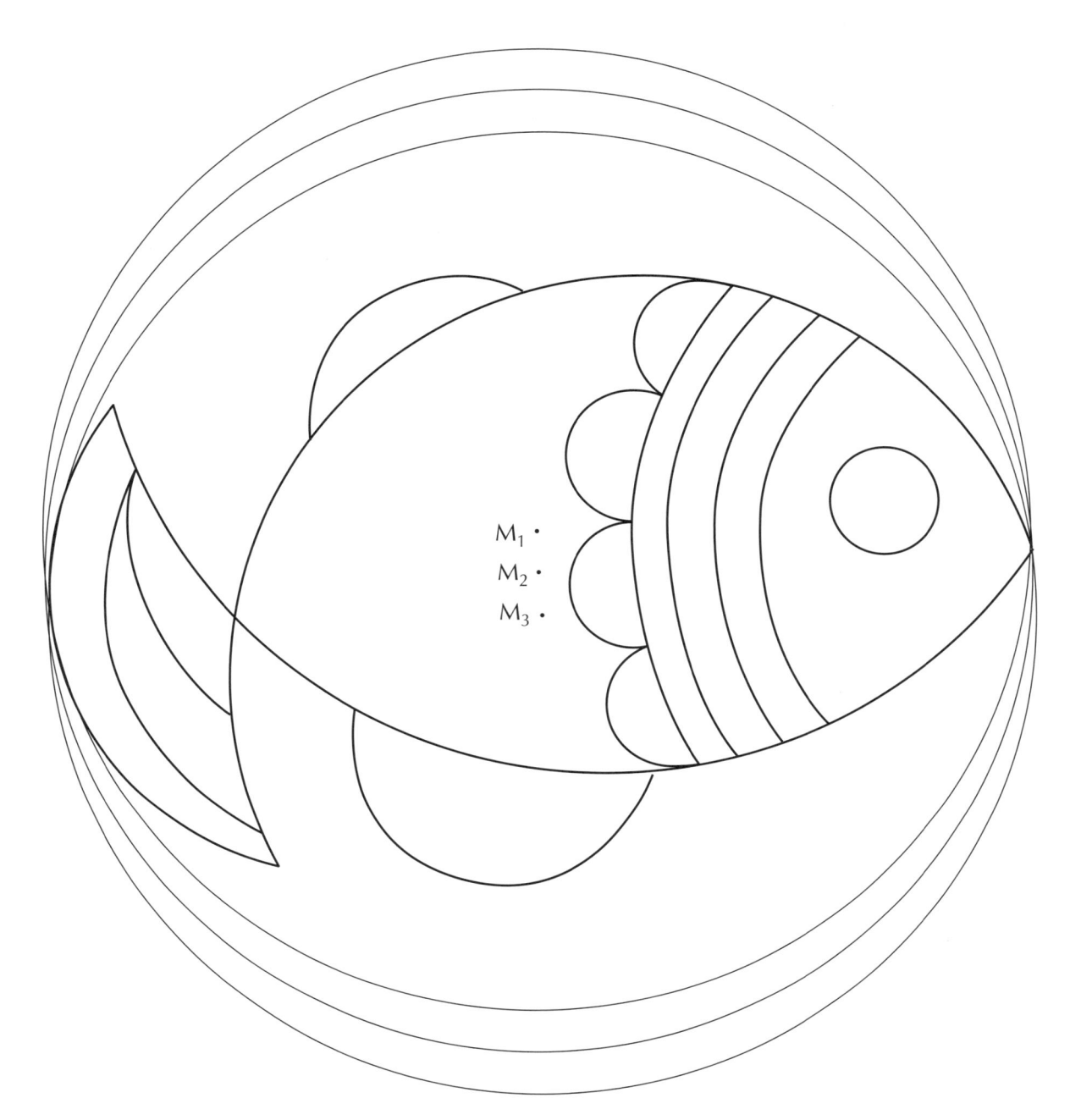

M_1 ·
M_2 ·
M_3 ·

Lösung

1. siehe Zeichnung

2. siehe Zeichnung

3. d = 15,4 cm

31 Frau Monsas Blumenstrauß   Name: Klasse:

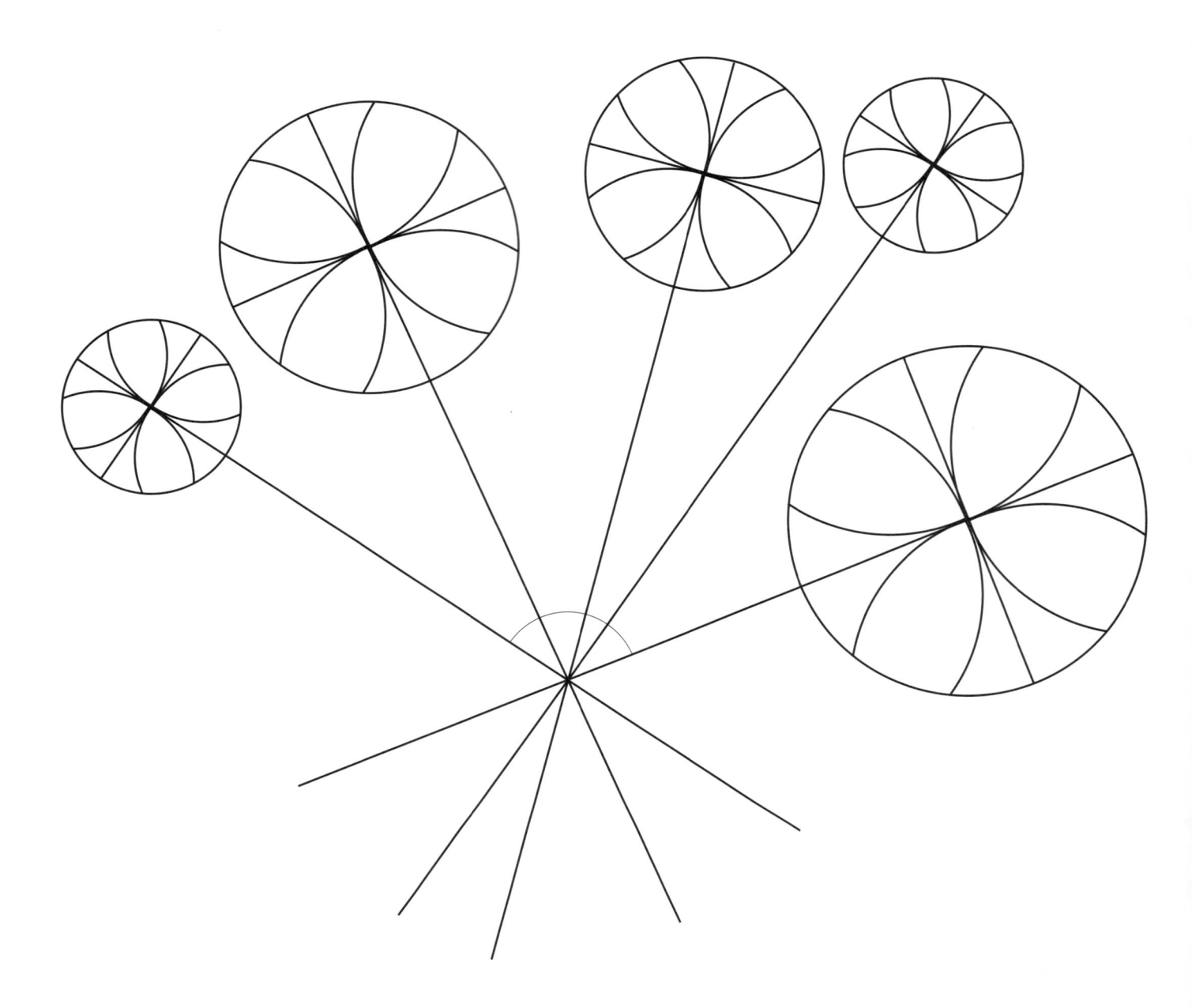

Aufgaben

Frau Monsa hat einen Blumenstrauß bekommen.

1. Wie weit stehen die einzelnen Blumenstiele auseinander?
   Miss die Winkel vom Bündelungspunkt der Stiele aus.

2. Wähle zwei Farben. Färbe die Blumen so ein, dass sich die zwei Farben jeweils punktsymmetrisch (zum Blütenmittelpunkt) zueinander verhalten.

31 Lösung

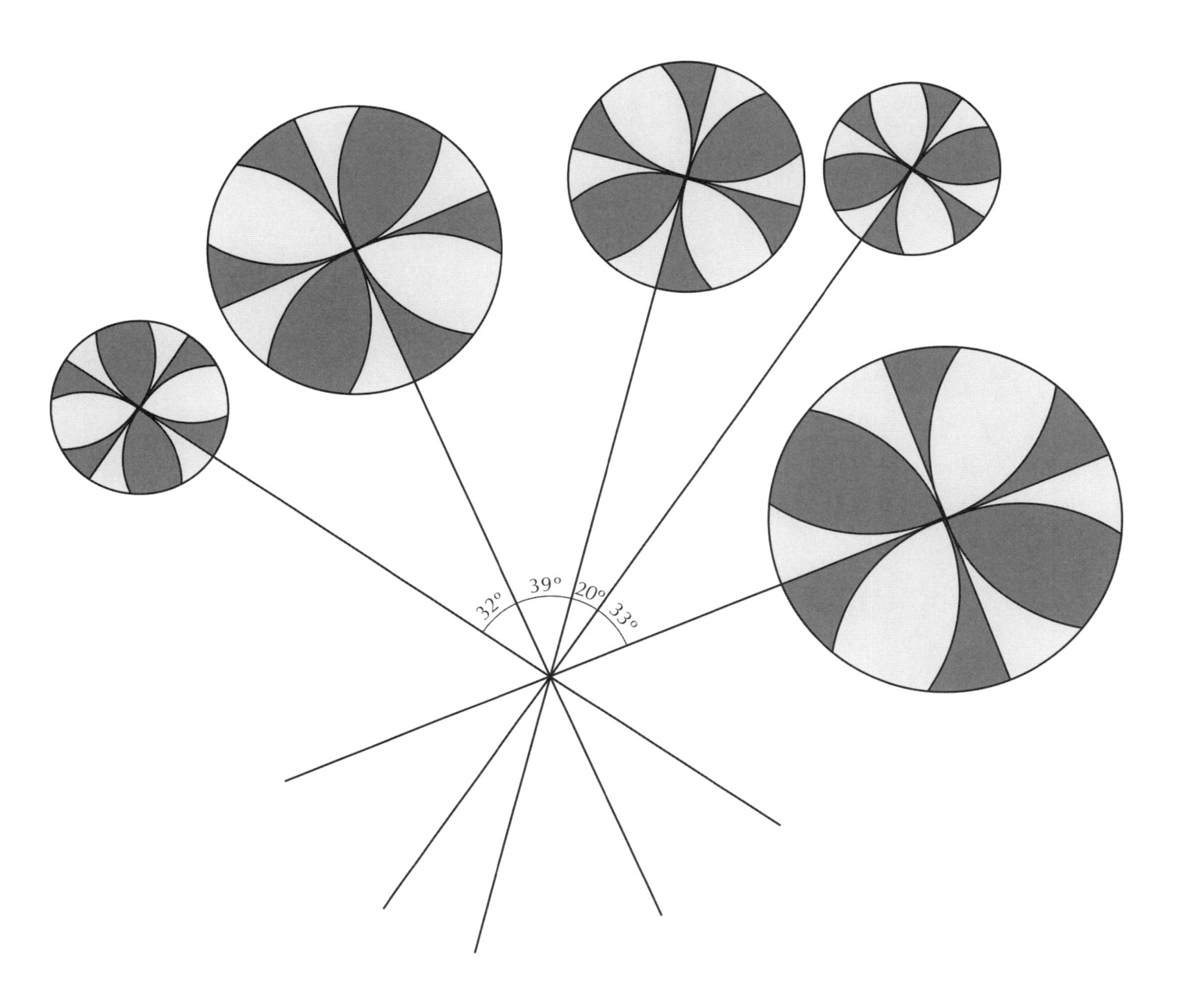

Lösung

1. siehe Zeichnung

2. 1 Beispiel siehe Zeichnung

32 Pyramiden

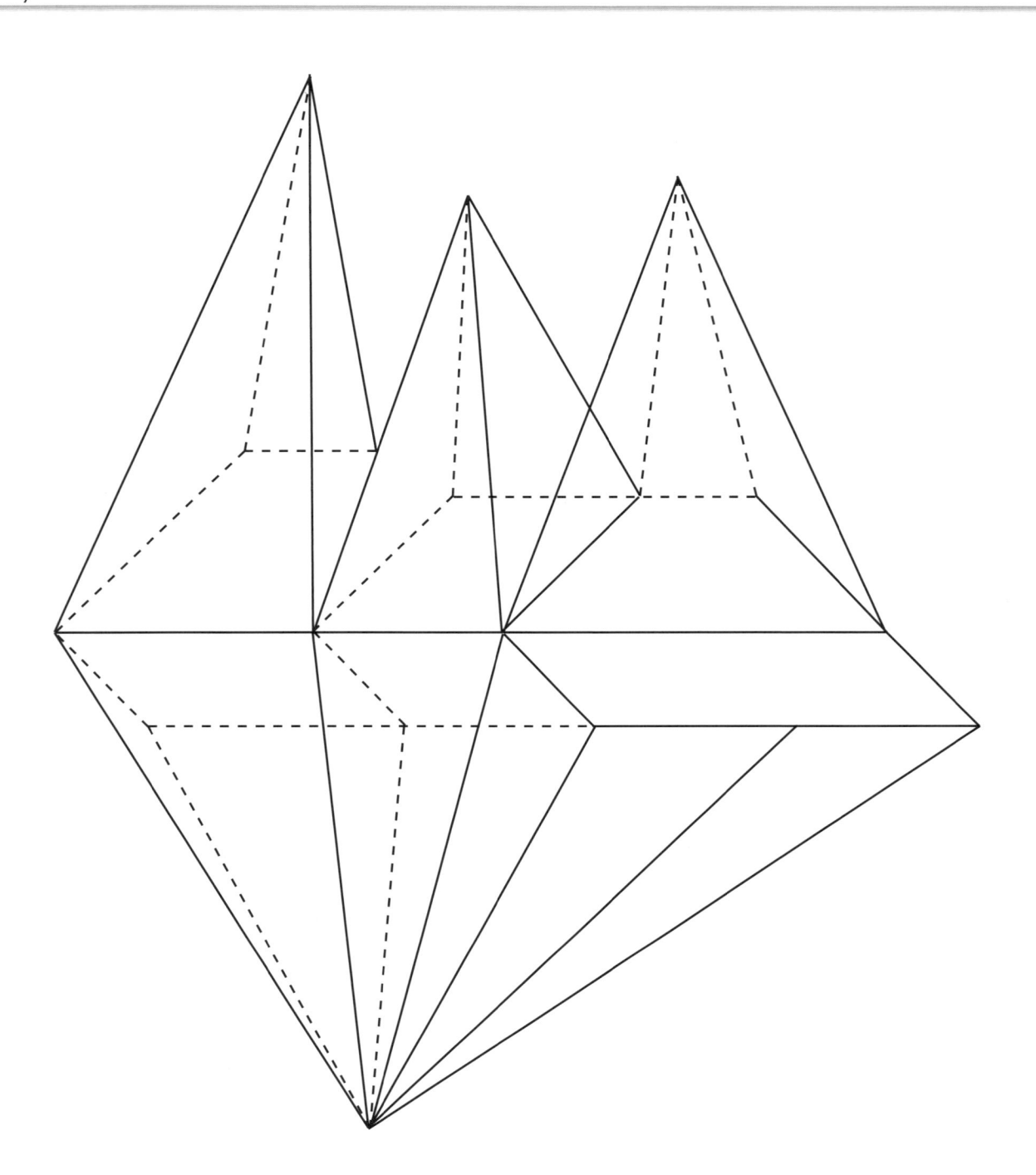

Aufgaben

1. Färbe die Objekte, die Pyramiden darstellen, in unterschiedlichen Farben ein.

2. Eine der Pyramiden hat eine rechteckige Grundfläche mit a = 3 cm, b = 6 cm und h = 6 cm. Berechne die Seitenkantenlänge und die Höhe der Pyramidenseiten dieser Pyramide.

32 Lösung

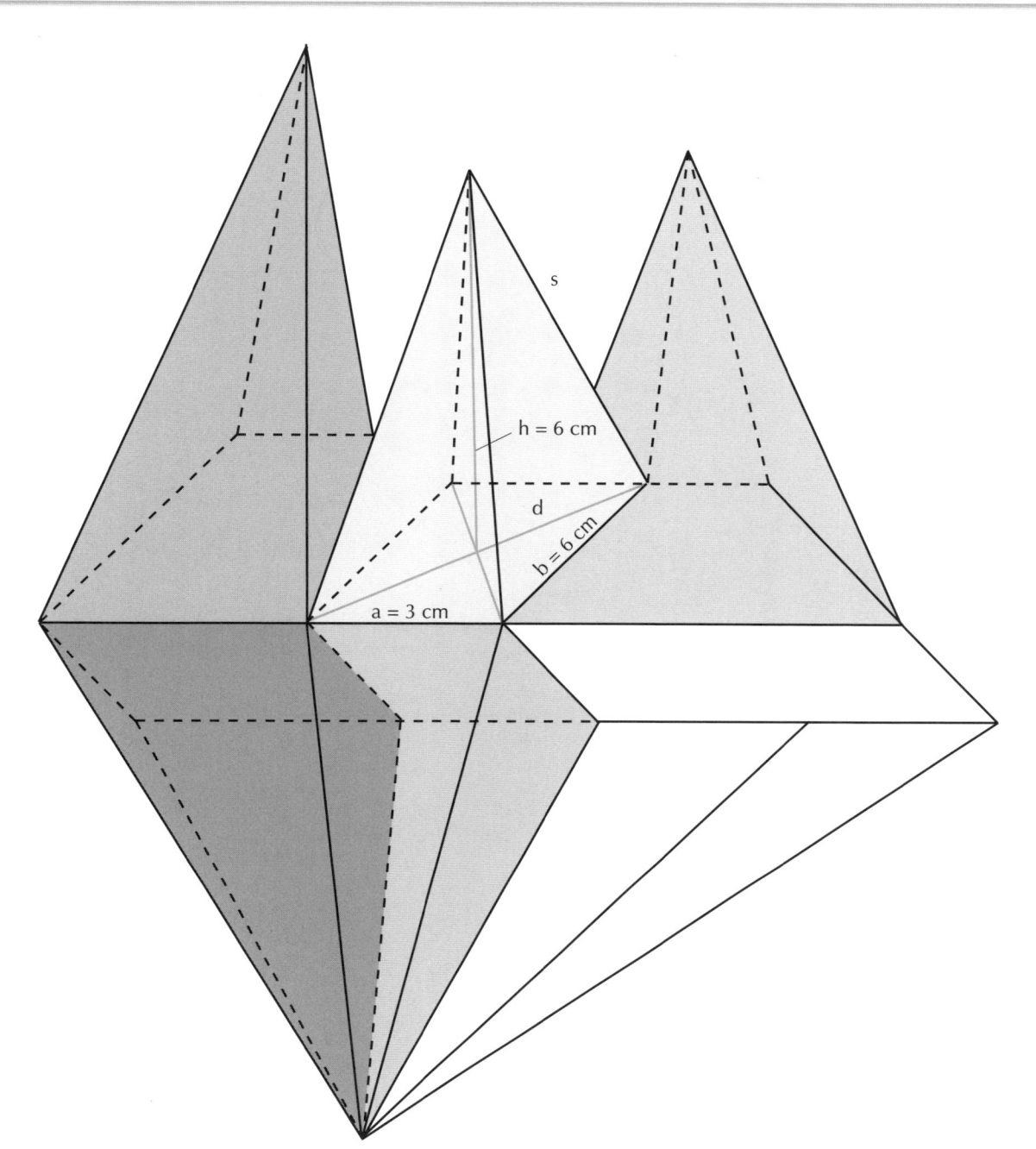

Lösung

1. siehe Zeichnung

2. $s^2 = h^2 + (\frac{d}{2})^2$
   $d^2 = a^2 + b^2$
   $d^2 = (3\text{ cm})^2 + (6\text{ cm})^2 = 9\text{ cm}^2 + 36\text{ cm}^2 = 45\text{ cm}^2$
   $d \approx 6{,}7\text{ cm}$
   $\frac{d}{2} = 3{,}35\text{ cm}$
   $s^2 = 36\text{ cm}^2 + (3{,}35\text{ cm})^2$
   $\quad = 36\text{ cm}^2 + 11{,}25\text{ cm}^2$
   $\quad = 47{,}25\text{ cm}^2$
   $s\ = 6{,}87\text{ cm}$

Pyramidenseitenhöhe h_a
$h_a^2 = (\frac{b}{2})^2 + h^2$
$\quad = (3\text{ cm})^2 + (6\text{ cm})^2$
$\quad = 9\text{ cm}^2 + 36\text{ cm}^2$
$\quad = 45\text{ cm}^2$
$h_a \approx 6{,}7\text{ cm}$

Pyramidenseitenhöhe h_b
$h_b^2 = (\frac{a}{2})^2 + h^2$
$\quad = (1{,}5\text{ cm})^2 + (6\text{ cm})^2$
$\quad = 2{,}25\text{ cm}^2 + 36\text{ cm}^2$
$\quad = 38{,}25\text{ cm}^2$
$h_b \approx 6{,}18\text{ cm}$

33 Der Schmetterling

Aufgaben

1. Berechne den Flächeninhalt des gleichseitigen Achtecks abzüglich der Halbkreisflächen.

2. Zeichne um den Figurmittelpunkt einen Kreisbogen, auf dem nur der am weitesten entfernte Punkt der Figur liegen darf. Gib seinen Radius an.

3. Male den „Schmetterling" nach Belieben aus.

33 Lösung

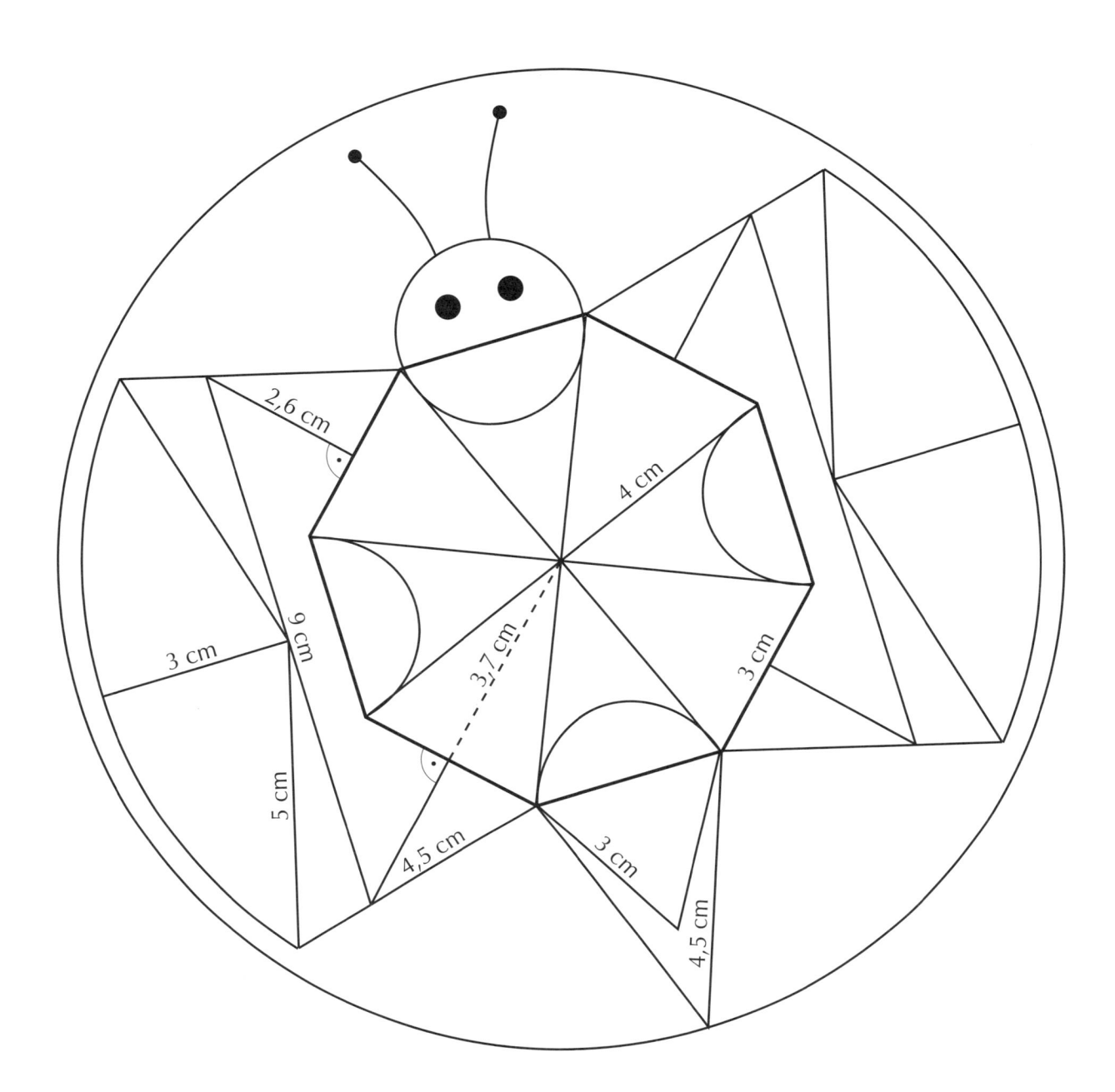

Lösung

1. $A_{\text{Achteck}} = 8 \cdot \dfrac{3\text{ cm} \cdot 3{,}7\text{ cm}}{2} = 44{,}4\text{ cm}^2$

   $4 \cdot A_{\text{Halbkreis}} = 4 \cdot \dfrac{1}{2} \pi\, (1{,}5\text{ cm})^2 \approx 14{,}14\text{ cm}^2$

   $A \approx 30{,}26\text{ cm}^2$

2. siehe Zeichnung
   r = 8 cm

Ilse Gretenkord: Mandalas und geometrische Figuren • 5. bis 10. Klasse • Best.-Nr. 661

34 Strahlensätze

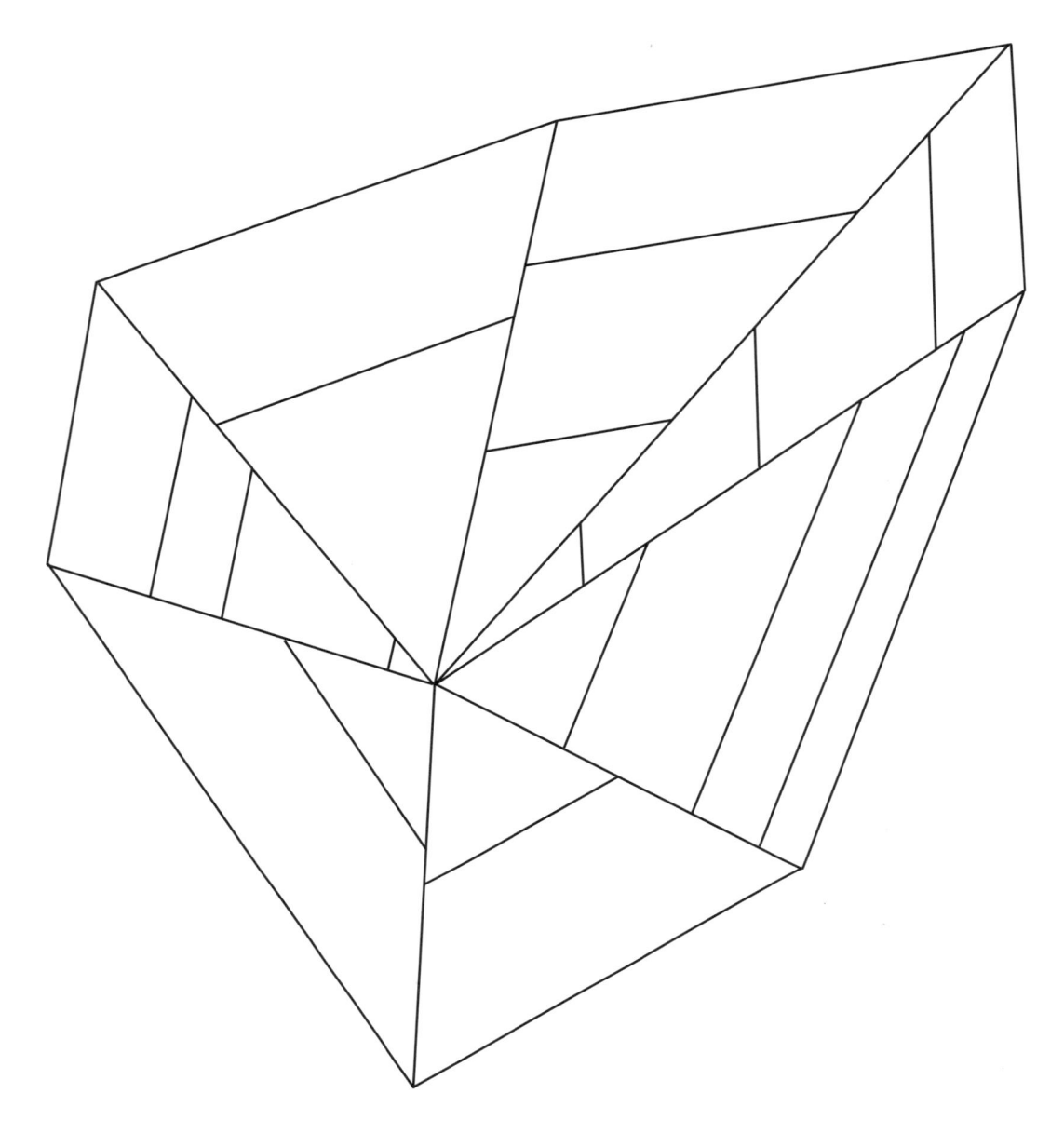

Aufgaben

1. Diese Aufgabe hat mit Strahlensätzen zu tun. Stelle zusammen mit deinem Partner mindestens 10 richtige Beziehungen her.

2. Finde heraus, wo der Mittelpunkt des Kreises liegt, der mit einem Radius von 9 cm die gesamte Figur einschließt. Schmücke das Mandala weiter aus und färbe es nach Belieben ein.

34 Lösung

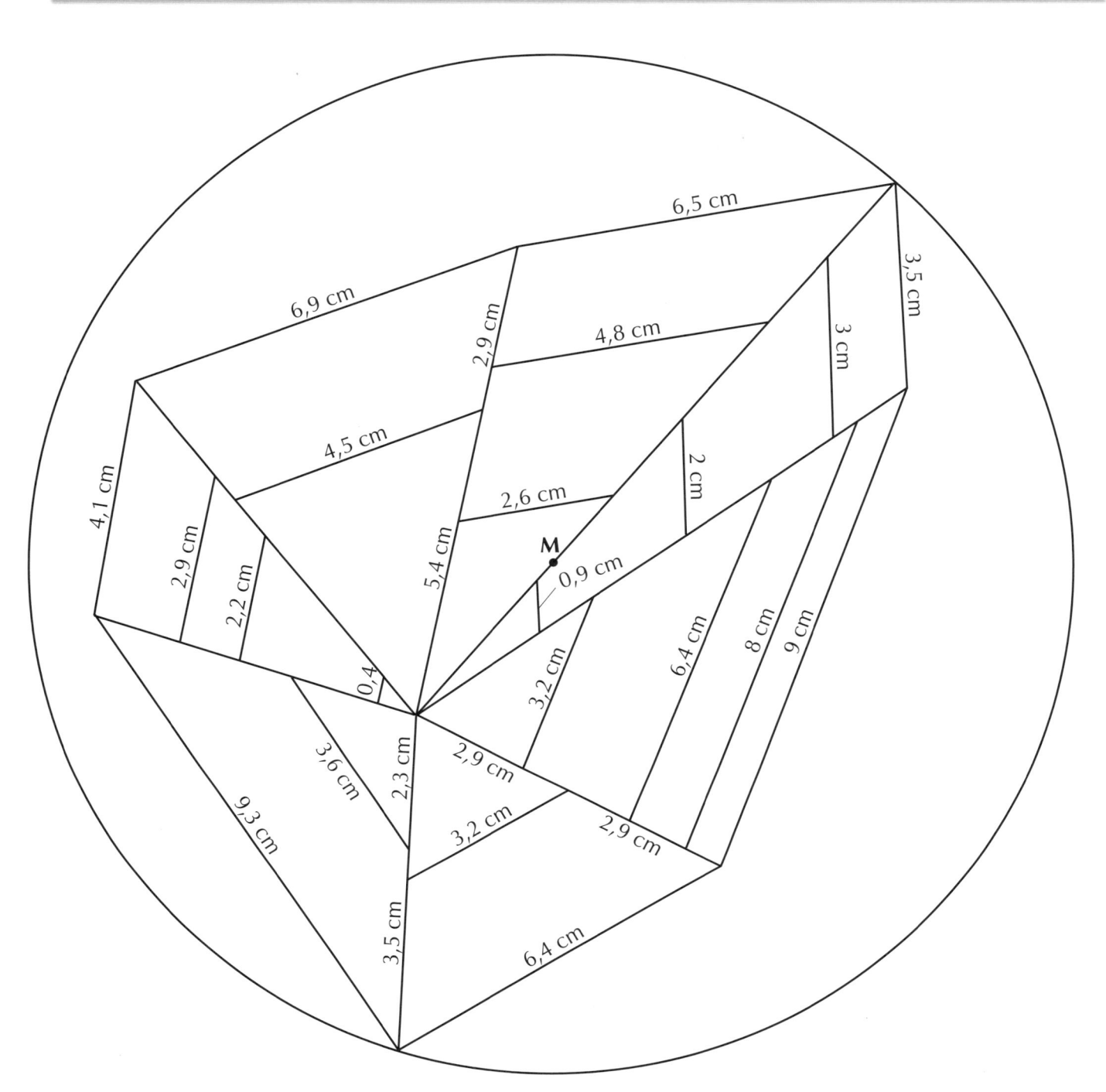

Lösungsbeispiele

1. $\dfrac{9{,}3 \text{ cm}}{(3{,}5 + 2{,}3) \text{ cm}} \approx \dfrac{3{,}6 \text{ cm}}{2{,}3 \text{ cm}} \approx 1{,}6$

   $\dfrac{6{,}9 \text{ cm}}{(5{,}4 + 2{,}9) \text{ cm}} \approx \dfrac{4{,}5 \text{ cm}}{5{,}4 \text{ cm}} \approx 0{,}8$

2. siehe Zeichnung

35 Unregelmäßiges Siebeneck

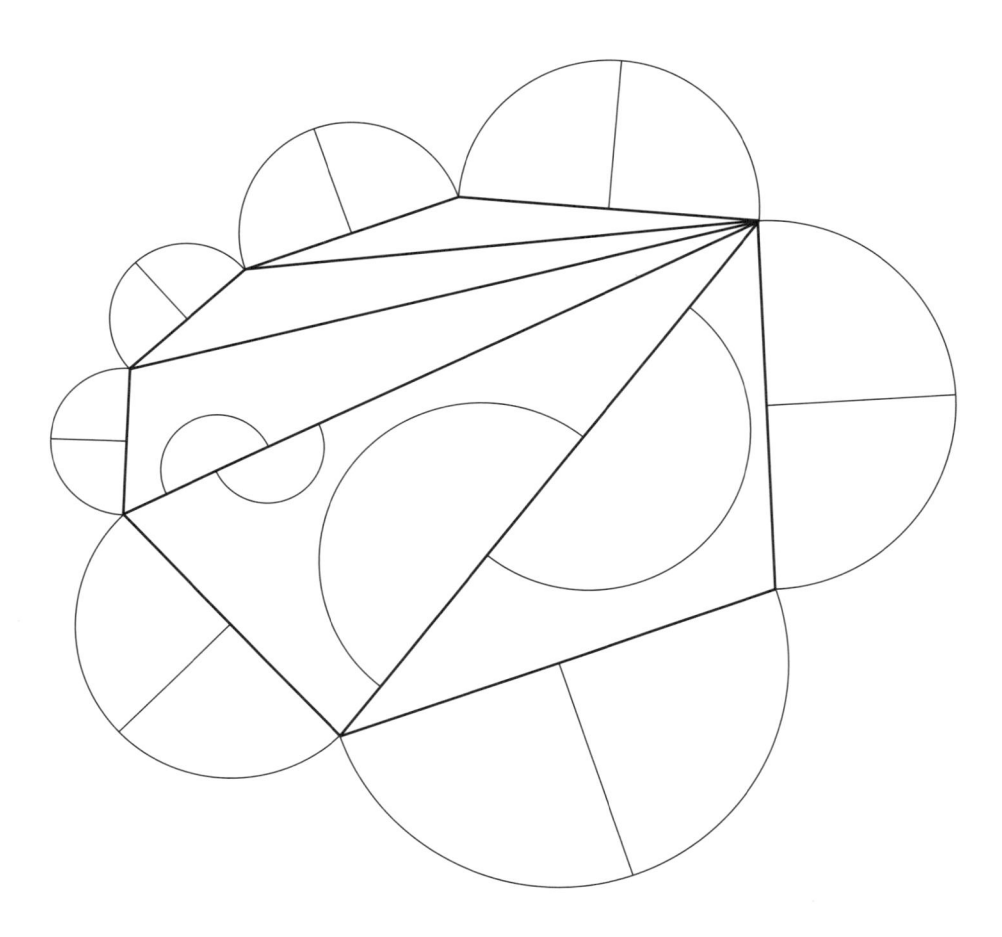

Aufgaben

1. Berechne den Flächeninhalt des unregelmäßigen Siebenecks.

2. Berechne die Summe der Flächeninhalte aller umliegenden Halbkreise.

3. Berechne die Summe der Umfänge der umliegenden Halbkreise.

4. Verlängere die Linien, die die umliegenden Halbkreise halbieren, um je 1 cm nach außen. Verbinde anschließend die Enden der Verlängerungslinien und miss den Umfang des neu entstandenen Siebenecks.

5. Male die asymmetrische Fläche nach Belieben farbig aus.

35 Lösung

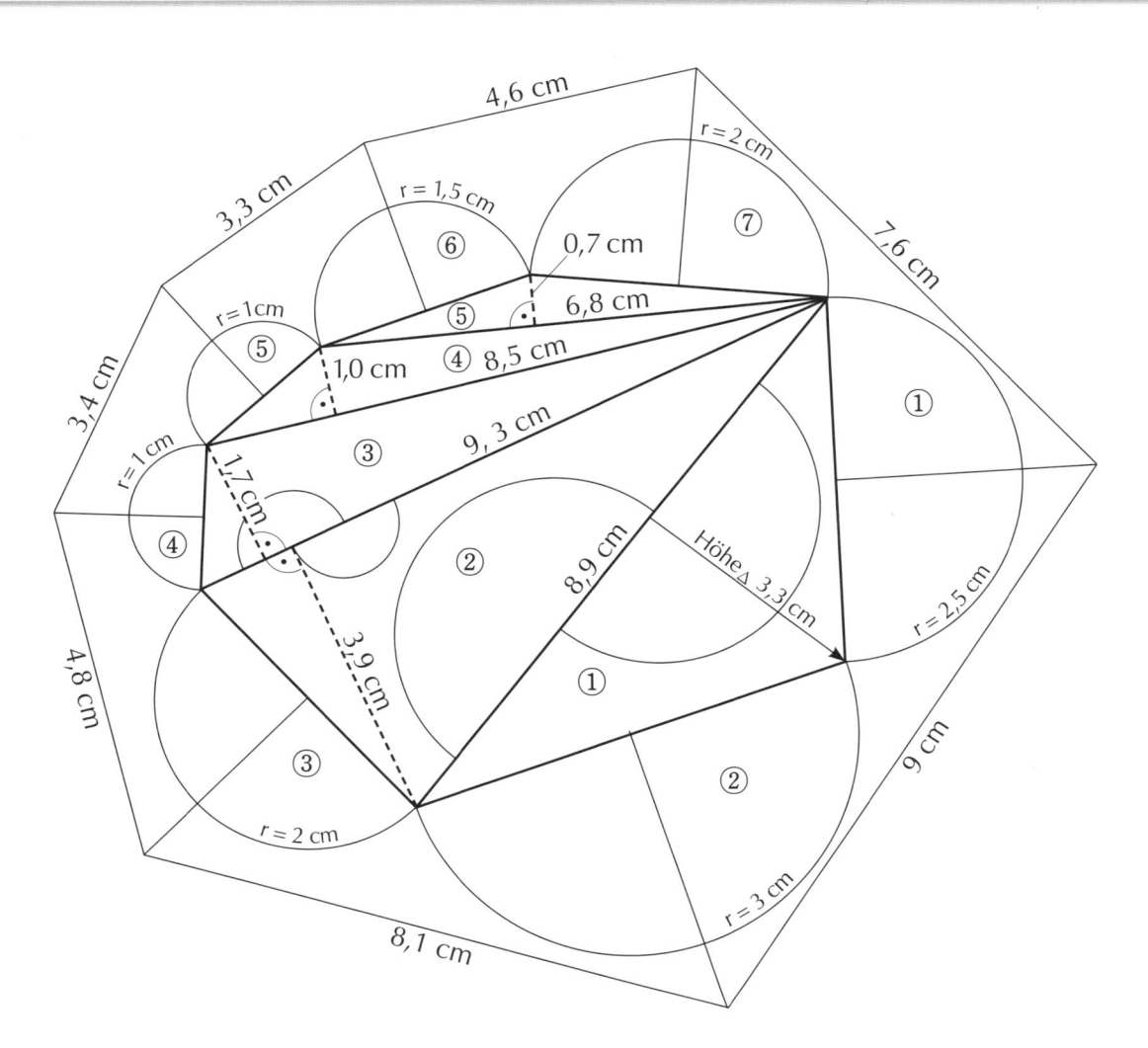

Lösung

1. $A_{Siebeneck} = A_{\triangle 1} + A_{\triangle 2} + A_{\triangle 3} + A_{\triangle 4} + A_{\triangle 5}$

   $A_{\triangle 1} = \dfrac{8{,}9 \text{ cm} \cdot 3{,}3 \text{ cm}}{2} = 14{,}69 \text{ cm}^2$

   $A_{\triangle 2} = \dfrac{9{,}3 \text{ cm} \cdot 3{,}9 \text{ cm}}{2} = 18{,}14 \text{ cm}^2$

   $A_{\triangle 3} = \dfrac{9{,}3 \text{ cm} \cdot 1{,}7 \text{ cm}}{2} = 7{,}91 \text{ cm}^2$

   $A_{\triangle 4} = \dfrac{8{,}5 \text{ cm} \cdot 1 \text{ cm}}{2} = 4{,}25 \text{ cm}^2$

   $A_{\triangle 5} = \dfrac{6{,}8 \text{ cm} \cdot 0{,}7 \text{ cm}}{2} = 2{,}38 \text{ cm}^2$

   $A_{Siebeneck} = 47{,}37 \text{ cm}^2$

2. $A_1 = \dfrac{1}{2} \cdot \pi \cdot (2{,}5 \text{ cm})^2 = 9{,}82 \text{ cm}^2$

   $A_2 = \dfrac{1}{2} \cdot \pi \cdot (3{,}0 \text{ cm})^2 = 14{,}14 \text{ cm}^2$

   $A_3 = \dfrac{1}{2} \cdot \pi \cdot (2{,}0 \text{ cm})^2 = 6{,}28 \text{ cm}^2$

   $A_4 = \dfrac{1}{2} \cdot \pi \cdot (1{,}0 \text{ cm})^2 = 1{,}57 \text{ cm}^2$

   $A_5 = \dfrac{1}{2} \cdot \pi \cdot (1{,}0 \text{ cm})^2 = 1{,}57 \text{ cm}^2$

   $A_6 = \dfrac{1}{2} \cdot \pi \cdot (1{,}5 \text{ cm})^2 = 3{,}53 \text{ cm}^2$

   $A_7 = \dfrac{1}{2} \cdot \pi \cdot (2{,}0 \text{ cm})^2 = 6{,}28 \text{ cm}^2$

   $A_{Halbkreise} = 43{,}19 \text{ cm}^2$

Ilse Gretenkord: Mandalas und geometrische Figuren • 5. bis 10. Klasse • Best.-Nr. 661

Lösung

3. $u_{\text{Halbkreise}} = u_1 + u_2 + u_3 + u_4 + u_5 + u_6 + u_7$

$u_1 = \frac{1}{2} \cdot 2 \cdot \pi \cdot 2{,}5 \text{ cm} = 7{,}85 \text{ cm}$

$u_2 = \frac{1}{2} \cdot 2 \cdot \pi \cdot 3{,}0 \text{ cm} = 9{,}42 \text{ cm}$

$u_3 = \frac{1}{2} \cdot 2 \cdot \pi \cdot 2{,}0 \text{ cm} = 6{,}28 \text{ cm}$

$u_4 = \frac{1}{2} \cdot 2 \cdot \pi \cdot 1{,}0 \text{ cm} = 3{,}14 \text{ cm}$

$u_5 = \frac{1}{2} \cdot 2 \cdot \pi \cdot 1{,}0 \text{ cm} = 3{,}14 \text{ cm}$

$u_6 = \frac{1}{2} \cdot 2 \cdot \pi \cdot 1{,}5 \text{ cm} = 4{,}71 \text{ cm}$

$u_7 = \frac{1}{2} \cdot 2 \cdot \pi \cdot 2{,}0 \text{ cm} = 6{,}28 \text{ cm}$

$u_{\text{Halbkreise}} = 40{,}82 \text{ cm}$

4. siehe Zeichnung

   u = 9,0 cm + 8,1 cm + 4,8 cm + 3,4 cm + 3,3 cm + 4,6 cm + 7,6 cm
   = 40,8 cm

36 Verschiedene Vierecke und Kreisbögen

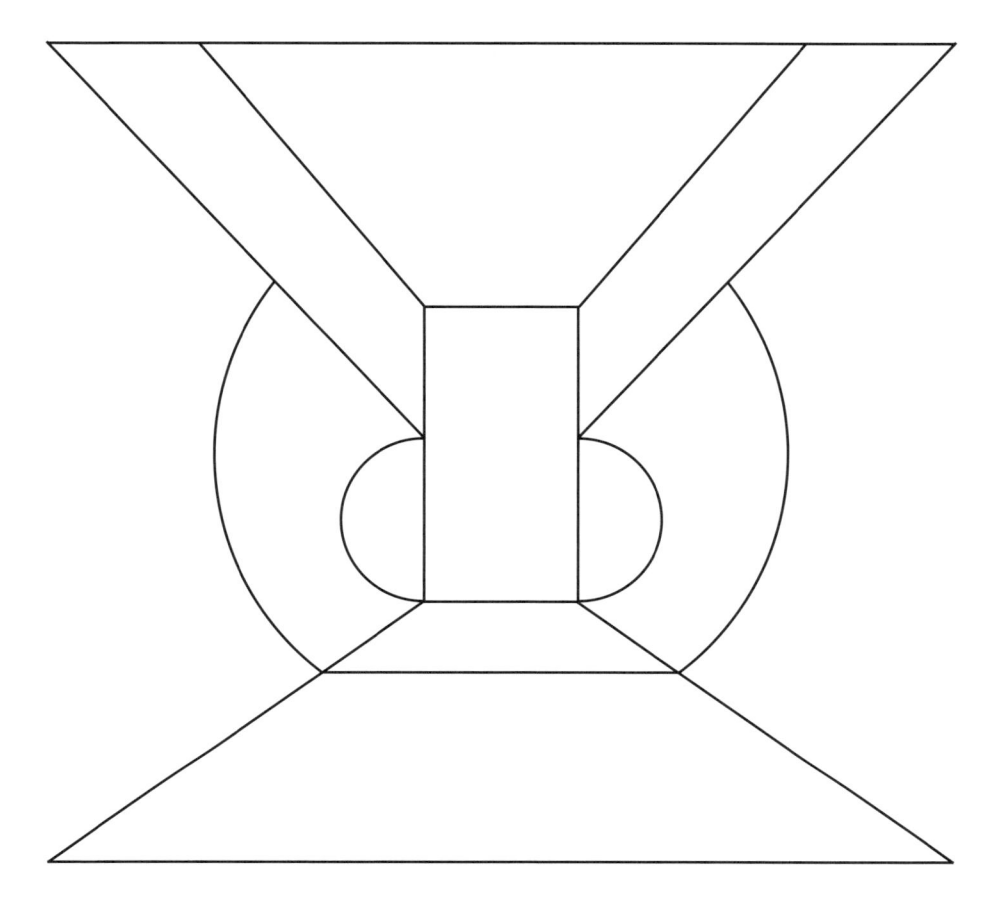

Aufgaben

1. Zeichne das Mandala weiter, indem du einen Kreis um die Figur legst, der alle vier äußeren Ecken einbezieht.
2. Zeichne in die zwei großen freien Trapeze mittig je ein Quadrat mit der Seitenlänge a = 2 cm ein.
3. Berechne die Restflächen, die von den großen Trapezen nach Abzug der Quadrate übrig bleiben.
4. Zeichne parallel zum inneren Rechteck rechts und links der Kreisbogenteile die größtmöglichen Rechtecke ein, die noch gerade in den Kreis hineinpassen. Gib die Flächeninhalte der Rechtecke an.
5. Male das Kreisbild nach Belieben aus.

36 *Lösung*

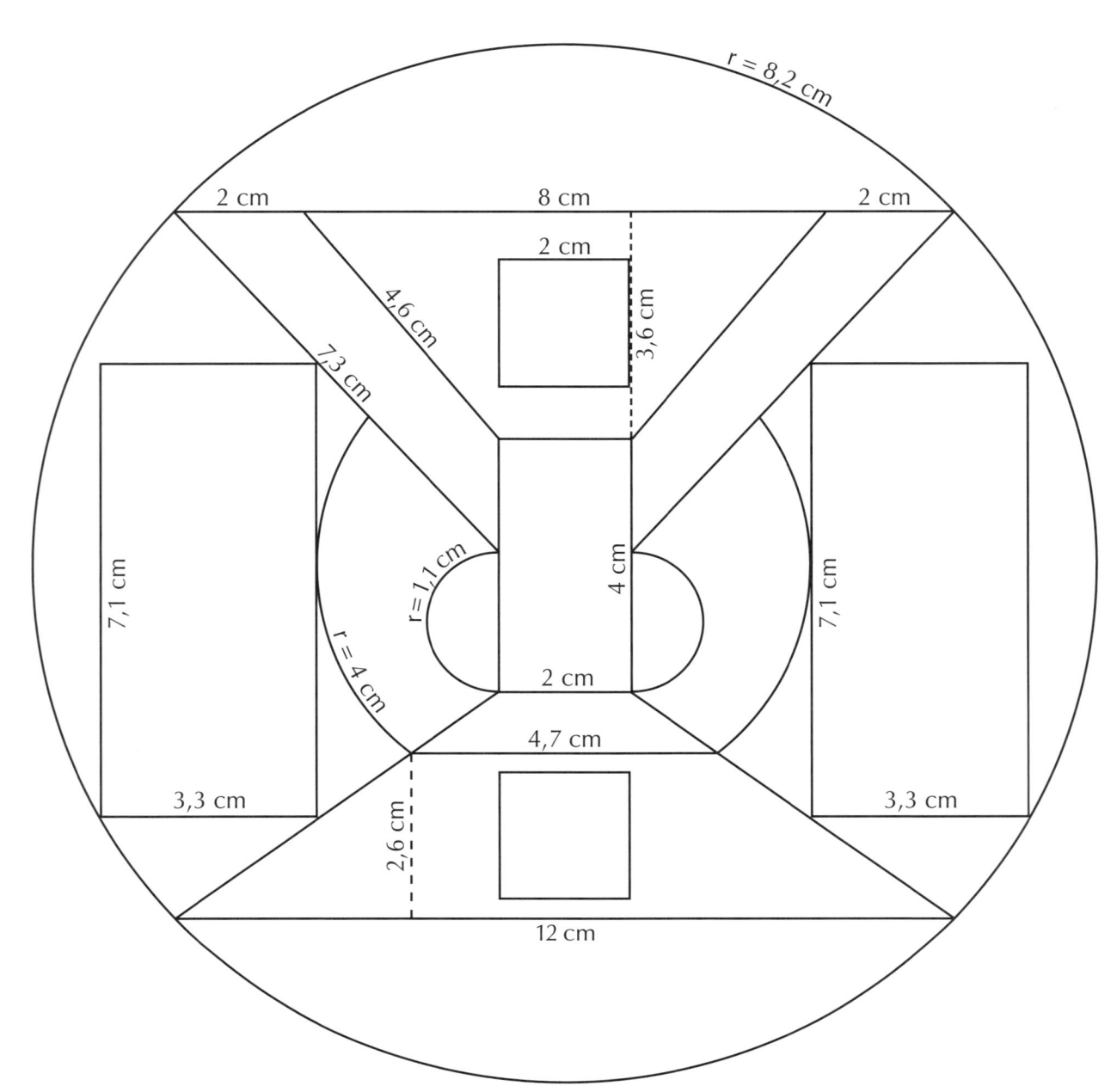

Lösung

1. siehe Zeichnung

2. siehe Zeichnung

3. $A_{T1} = \dfrac{12 \text{ cm} + 4{,}7 \text{ cm}}{2} \cdot 2{,}6 \text{ cm} = 21{,}71 \text{ cm}^2$

   $A_{T1} - A_\square = 21{,}71 \text{ cm}^2 - 4 \text{ cm}^2 = 17{,}71 \text{ cm}^2$

   $A_{T2} = \dfrac{8 \text{ cm} + 2 \text{ cm}}{2} \cdot 3{,}6 \text{ cm} = 18 \text{ cm}^2$

   $A_{T1} - A_\square = 18 \text{ cm}^2 - 4 \text{ cm}^2 = 14 \text{ cm}^2$

4. siehe Zeichnung

   $A_\square = 3{,}3 \text{ cm} \cdot 7{,}1 \text{ cm} = 23{,}43 \text{ cm}^2$

37 *Der Tannenbaum*   Name: Klasse:

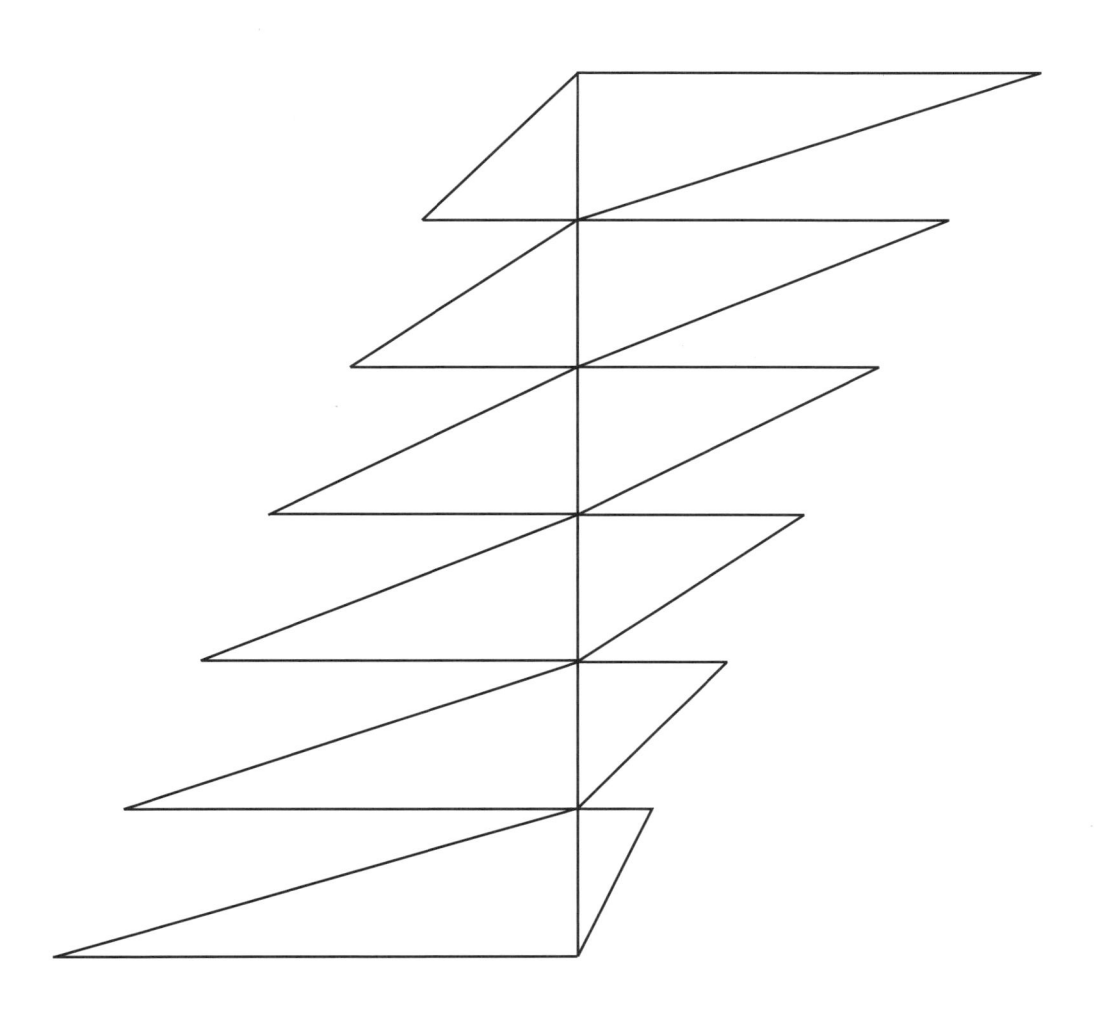

Aufgaben

1. Zeichne in Rot den Tannenbaum so, dass die rechte Seite achsensymmetrisch zur linken wird.

2. Berechne anschließend die Gesamtfläche des „richtigen" Baumes.

3. Weise nach, dass die rechte Seite der Zeichnung nicht der linken entspricht, auch wenn man sie richtig herum drehen würde.

Ilse Gretenkord: Mandalas und geometrische Figuren • 5. bis 10. Klasse • Best.-Nr. 661

37 Lösung

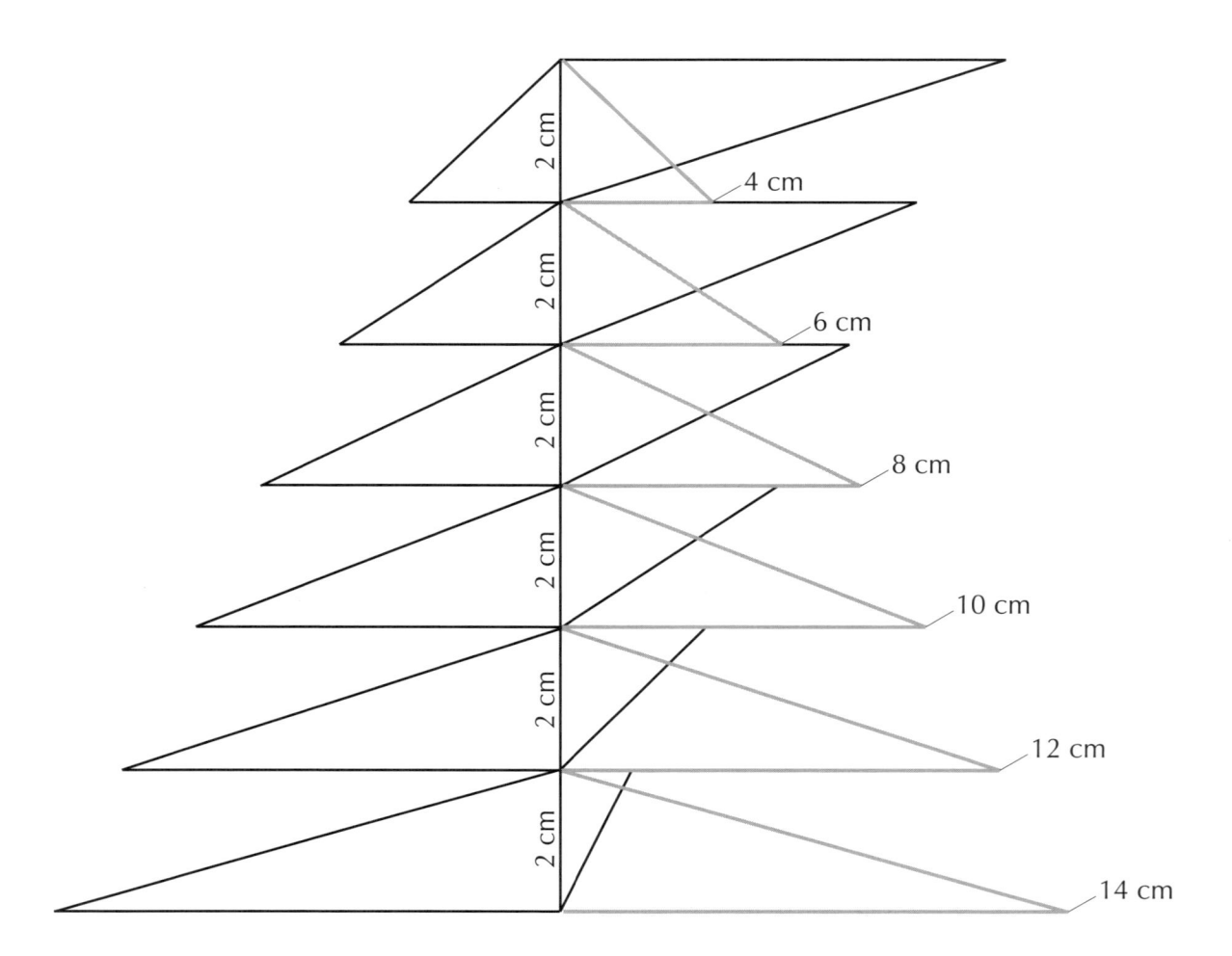

Lösung

1. siehe Zeichnung

2. $A_{\Delta 1} = \dfrac{4\text{ cm} \cdot 2\text{ cm}}{2} = 4\text{ cm}^2$

   $A_{\Delta 2} = \dfrac{6\text{ cm} \cdot 2\text{ cm}}{2} = 6\text{ cm}^2$

   $A_{\Delta 3} = \dfrac{8\text{ cm} \cdot 2\text{ cm}}{2} = 8\text{ cm}^2$

   $A_{\Delta 4} = \dfrac{10\text{ cm} \cdot 2\text{ cm}}{2} = 10\text{ cm}^2$

   $A_{\Delta 5} = \dfrac{12\text{ cm} \cdot 2\text{ cm}}{2} = 12\text{ cm}^2$

   $A_{\Delta 6} = \dfrac{14\text{ cm} \cdot 2\text{ cm}}{2} = 14\text{ cm}^2$

   $A = A_{\Delta 1} + \ldots + A_{\Delta 6} = 54\text{ cm}^2$

3. $A_{\text{kleinste Dreieckshälfte linke Seite}} = \dfrac{2\text{ cm} \cdot 2\text{ cm}}{2} = 2\text{ cm}^2$

   $A_{\text{kleinste Dreieckshälfte rechte Seite}} = \dfrac{1\text{ cm} \cdot 2\text{ cm}}{2} = 1\text{ cm}^2$

   Da auch alle anderen Grundseiten der rechten Dreieckshälften um je 1 cm kürzer sind als auf der linken Seite, würde die rechte Seite auch beim Umdrehen nicht die Größe der linken erreichen.

38 Quadrate, Halbkreise und Halbkreisringe

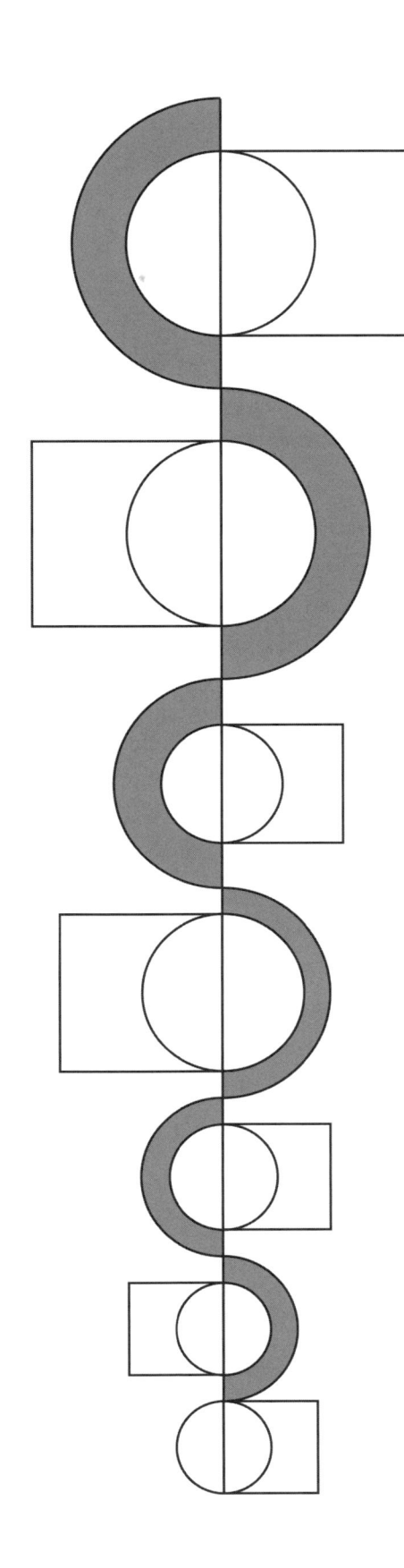

Aufgaben

1. Färbe die Quadratstücke rot, die im Quadrat liegenden Halbkreise blau und die restlichen Halbkreise gelb ein.

2. Berechne die Flächeninhaltssumme der dunkel eingefärbten Halbkreisringe.

3. Berechne die Summe der roten Flächen, der blauen Flächen und der gelben Flächen.

4. Beschreibe, was nicht „passt".

38 Lösung

Lösung

1. siehe Zeichnung!

2. $A_{1.\ Kreisring}$
$= \frac{1}{2} \cdot \pi\,(2{,}2\ cm)^2 - \frac{1}{2}\pi\,(1{,}4\ cm)^2$
$\approx 7{,}6\ cm^2 - 3{,}1\ cm^2 \approx 4{,}5\ cm^2$

$A_{2.\ Kreisring} = A_{1.\ Kreisring}$

$A_{3.\ Kreisring}$
$= \frac{1}{2} \cdot \pi\,(1{,}6\ cm)^2 - \frac{1}{2}\pi\,(0{,}9\ cm)^2$
$\approx 4{,}02\ cm^2 - 1{,}27\ cm^2 \approx 2{,}75\ cm^2$

$A_{4.\ Kreisring}$
$= \frac{1}{2} \cdot \pi\,(1{,}6\ cm)^2 - \frac{1}{2}\pi\,(1{,}2\ cm)^2$
$\approx 4{,}02\ cm^2 - 2{,}26\ cm^2 \approx 1{,}76\ cm^2$

$A_{5.\ Kreisring}$
$= \frac{1}{2} \cdot \pi\,(1{,}2\ cm)^2 - \frac{1}{2}\pi\,(0{,}8\ cm)^2$
$\approx 2{,}26\ cm^2 - 1{,}01\ cm^2 \approx 1{,}25\ cm^2$

$A_{6.\ Kreisring}$
$= \frac{1}{2} \cdot \pi\,(1{,}1\ cm)^2 - \frac{1}{2}\pi\,(0{,}7\ cm)^2$
$\approx 1{,}9\ cm^2 - 0{,}77\ cm^2 \approx 1{,}13\ cm^2$

$A_{alle\ Kreisringe} = 15{,}89\ cm^2$

38 Lösung

Lösung

3. $A_{rot\,1} = (2{,}8 \text{ cm})^2 - \frac{1}{2} \cdot \pi\,(1{,}4 \text{ cm})^2 \approx 7{,}84 \text{ cm}^2 - 3{,}1 \text{ cm}^2 \approx 4{,}74 \text{ cm}^2$

   $A_{gelb\,1} = A_{blau\,1} \approx 3{,}1 \text{ cm}^2$

   $A_{rot\,1} = A_{rot\,2}\,;\ A_{gelb\,1} = A_{gelb\,2} = A_{blau\,1} = A_{blau\,2}$

   $A_{rot\,3} = (1{,}8 \text{ cm})^2 - \frac{1}{2} \cdot \pi\,(0{,}9 \text{ cm})^2 \approx 3{,}24 \text{ cm}^2 - 1{,}3 \text{ cm}^2 \approx 1{,}94 \text{ cm}^2$

   $A_{gelb\,3} = A_{blau\,3} \approx 1{,}3 \text{ cm}^2$

   $A_{rot\,4} = (2{,}4 \text{ cm})^2 - \frac{1}{2} \cdot \pi\,(1{,}2 \text{ cm})^2 \approx 5{,}76 \text{ cm}^2 - 2{,}26 \text{ cm}^2 \approx 3{,}5 \text{ cm}^2$

   $A_{gelb\,4} = A_{blau\,4} \approx 2{,}26 \text{ cm}^2$

   $A_{rot\,5} = (1{,}6 \text{ cm})^2 - \frac{1}{2} \cdot \pi\,(0{,}8 \text{ cm})^2 \approx 2{,}56 \text{ cm}^2 - 1 \text{ cm}^2 \approx 1{,}56 \text{ cm}^2$

   $A_{gelb\,5} = A_{blau\,5} \approx 1 \text{ cm}^2$

   $A_{rot\,6} = (1{,}4 \text{ cm})^2 - \frac{1}{2} \cdot \pi\,(0{,}7 \text{ cm})^2 \approx 1{,}96 \text{ cm}^2 - 0{,}77 \text{ cm}^2 \approx 1{,}18 \text{ cm}^2$

   $A_{gelb\,6} = A_{blau\,6} \approx 0{,}77 \text{ cm}^2$

   $A_{rot\,7} = (1{,}4 \text{ cm})^2 - \frac{1}{2} \cdot \pi\,(0{,}7 \text{ cm})^2 \approx 1{,}96 \text{ cm}^2 - 0{,}77 \text{ cm}^2 \approx 1{,}18 \text{ m}^2$

   $A_{gelb\,7} = A_{blau\,7} \approx 0{,}77 \text{ cm}^2$

   $A_{\text{alle roten Flächen}} \approx 18{,}84 \text{ cm}^2$

   $A_{\text{alle gelben Flächen}} = A_{\text{alle blauen Flächen}} \approx 12{,}3 \text{ cm}^2$

4. Im letzten Flächenteil fehlt der Kreisring.

Besser mit Brigg Pädagogik!
Kreative Materialien für Mathematik und Religion!

Judith und Ulrich Lüttringhaus
Das große Geobrett
Band 1:
Geometrische Konstruktionen
ab Klasse 5
80 S., DIN A4,
Kopiervorlagen mit Lösungen
Best.-Nr. 427

Diese Unterrichtshilfe zum großen Geobrett legt den **Schwerpunkt auf die geometrischen Konstruktionen**. Alle Aufgaben sind auf Karteikarten übersichtlich dargestellt. Für die Selbstkontrolle durch die Schüler wird zu jeder Aufgabe die Lösung mitgeliefert.
Der besondere Vorteil: Die Arbeit am großen Geobrett erfüllt die Anforderungen der Montessori-Pädagogik.

Edith Böhme / Kathrin Grävenstein
Umfang und Flächen von Vierecken
handlungsorientiert erarbeiten
5.–7. Klasse
88 S., DIN A4,
Kopiervorlagen mit Lösungen
Best.-Nr. 355

Acht praxiserprobte Unterrichtsideen zur Geometrie! Mit diesen Materialien lernen Schüler, für sie sonst so abstrakte mathematische Formeln selbstständig herzuleiten – und zwar durch **aktive Herangehensweise** an konkreten Objekten. Zu jeder Unterrichtsstunde gibt es gut aufbereitete Kopiervorlagen, Lösungen, praktische Tipps und Verlaufspläne, mit denen Lehrkräfte ohne großen Aufwand ihren Unterricht vorbereiten können.

Ilse Gretenkord
Tafelbilder für den Religionsunterricht
84 S., DIN A4,
Kopiervorlagen
Best.-Nr. 408

Praxiserprobte Tafelbilder **zu allen wichtigen Religionsthemen** in der Sekundarstufe 1! Sie zeigen religiöse Strukturen auf, verdeutlichen Entwicklungen und Zusammenhänge, fassen wesentliche religiöse Inhalte klar und verständlich zusammen, bringen Erkenntnisse und Ergebnisse auf den Punkt, enthalten auditive, visuelle und handlungsorientierte Elemente und können variabel eingesetzt werden.

Ilse Gretenkord
Die Apostel
Materialien zum Leben und Wirken der ersten christlichen Glaubensboten
60 S., DIN A4,
Kopiervorlagen mit Lösungen
Best.-Nr. 621

Mit diesen **abwechslungsreichen Materialien** erhalten die Schüler/-innen einen Einblick in das facettenreiche Leben und die Lebensaufgaben der Apostel. Sie arbeiten u. a. mit **Bibeltexten**, recherchieren im **Internet**, lernen Lieder, Legenden, Sprüche u. v. m. zu den Aposteln kennen, befassen sich ausführlich mit Petrus und Paulus und begeben sich z. B. auf die Spuren von Jakobus nach Santiago de Compostela.

Bestellcoupon

Ja, bitte senden Sie mir / uns mit Rechnung

_____ Expl. Best.-Nr. _____

_____ Expl. Best.-Nr. _____

_____ Expl. Best.-Nr. _____

_____ Expl. Best.-Nr. _____

Meine Anschrift lautet:

Name / Vorname

Straße

PLZ / Ort

E-Mail

Datum/Unterschrift   Telefon (für Rückfragen)

Bitte kopieren und einsenden/faxen an:

Brigg Pädagogik Verlag GmbH
zu Hd. Herrn Franz-Josef Büchler
Zusamstr. 5
86165 Augsburg

☐ Ja, bitte schicken Sie mir Ihren Gesamtkatalog zu.

Bequem bestellen per Telefon / Fax:
Tel.: 0821 / 45 54 94-17
Fax: 0821 / 45 54 94-19
Online: www.brigg-paedagogik.de